KB235681

::
작고 허름해졌지만 버릴 수 없는 특별한 옷이 있어요.
아이가 처음 걷던 날 입었던 바지,
매일 함께 잠들며 입었던 잠옷,
생일파티의 추억을 간직한 원피스.
시간이 지나 얼룩도 생기고 색도 바랐지만 꼭 가지고 있고 싶은 그런 옷.
이 책은 그런 옷들이 들려주는 이야기입니다.

작아진 꽃무늬 셔츠, 끝이 닳아버린 목도리, 어릴 적 할머니가 떠주신 스웨터.
지금부터 예쁜 추억을 간직한 인형 이야기를 들려드릴게요.

누구에게나 옛 기억을 고스란히 지닌 추억의 물건이 있을 거예요.
엄마가 떠주신 벙어리장갑, 남편에게 처음으로 선물했던 셔츠, 딸아이가 매일 입겠다고
졸라대던 원피스, 어머니가 며느리 위해 만드신 조끼와 모자, 대학 시절 자주 입었던 청
바지…….
제 옷장에는 이런 옷들이 가득합니다. 낡고 얼룩이 생겼지만 도저히 버릴 수 없는 것들.
버릴까, 망설이다가 결국 한 해만 더 놔두자 하며 집어넣었던 것들이지요.
쉽사리 버릴 수 없는 건 다 그럴 만한 이유가 있어서예요. 오랜 시간이 지나도 잊혀지지
않을 좋은 기억과 함께한 물건이기에 그러합니다.
그렇게 예쁜 추억 이야기를 하고 싶어서 이 책을 만들게 되었어요. 《내 친구 꿍꿍씨!》는
딸에게 주는 선물이고, 기억을 더듬은 일기장이고, 지난 시간이 담긴 물건을 소중히 하
고 싶은 작은 바람입니다.

인형을 만든 지는 오래 되었지만 입던 옷과 자투리 천을 가지고 리폼Reform해서 인형과
소품 등을 만든 건 아이가 크면서부터예요. 딸이 유난히 아끼고 좋아해서 닳고 닳도록
입던 꽃무늬 셔츠가 있었어요. 어느 해 방학이 지나면서 키가 훌쩍 커버려 팔도 짧아지
고 더 이상 못 입게 되었지요. 새 셔츠를 사주었는데 아이의 기분이 썩 좋지 않은 거예
요. 왜 그러느냐고 물어봤더니, 아끼던 옷인데 이제 작아져서 못 입으니 그렇다는 거예
요. 버리기 싫다고 옷장에 다시 걸어두더라고요. 그 후로도 몇 번이나 만지작만지작 하
는 걸 보곤, 이 옷으로 무언가 만들어주면 좋겠다고 생각했어요.
그렇게 저의 첫 리폼 인형이 탄생했답니다.
덧대어 만들 자투리 천이 조금씩밖에 없어 양쪽 귀가 짝짝이인 토끼였어요. 아이가 정
말 기뻐했어요. 매일 밤 꼭 안고 잤지요. 그 후로 식구들의 작아진 옷으로 인형을 만들기
시작했답니다. 아들이 입던 티셔츠로 곰돌이 아저씨를 만들고, 낡은 청바지로 고양이 인

형도 만들었어요. 무늬가 화려했던 셔츠로는 집 안에서 신는 룸 슈즈를 만들었어요.
제일 좋아하는 친구 생일에도 인형을 선물했답니다. 이 나이에 무슨 인형이야? 할까봐
조마조마했는데, 그 친구도 우리 딸만큼이나 좋아하더군요. 한 짝만 남은 줄무늬 양말로
도 인형을 만들었어요. 소파에 앉아 있는 그 인형을 보고는 남편도 아들도 재미있다고
웃었답니다. 인형은 우리의 감성을 살살~ 긁어주는 유쾌한 친구예요. 힘들어도 즐겁게
일하라고 사무실 책상 위에, 혼자 운전할 때는 심심하니까 옆자리에, 좋은 꿈꾸라고 잠
든 아이 침대 위에, 말동무 되라고 할머니께도 선물하고 싶어요.

지금도 아이 침대 한편에 그 토끼 인형이 앉아 있어요. 토끼와 딸만이 간직한 옛 이야기
를 여전히 소곤소곤 나누곤 하겠지요? 시간이 더 흘러 기억이 흐려진다 해도 그 인형을
볼 때마다 기분이 좋아질 거예요.
새것이라고 다 좋은 건 아니라는 걸 우린 알잖아요. 추억을 함께했기에 더 애틋한 것이
있다는 걸. 그리고 물건을 함부로 버리지 않는 예쁜 마음도 가질 수 있었으면 좋겠어요.
기억과 시간, 그리고 바느질한 사람의 정성이 담겨 있어 더욱 특별한 것. 사랑하는 이들
에게 이런 소중한 의미를 만들어 선물하세요.

저도 인형 하나하나와 이야기 나누는 동안 내내 즐겁고 행복했습니다. 이런 작은 기쁨
을 여러 분과 함께 느낄 수 있어 더욱 행복합니다.
추억을 꺼내 바느질하게 해준 나의 가족, 친구들, 모두 감사합니다.

2014년 더운 여름 날,
손바느질 작가 **박귀선**

HOW TO **인형과 소품 만들기**_마음껏 리폼하고 꾸며봐!

'만드는 법'이 나와 있는 페이지는 인형과 소품의 사진 페이지에 적어두었어요!
만들고 싶은 인형 또는 소품을 고른 뒤 HOW TO 편에서 찾아 즐겁게 바느질해보세요.

★ 이 책은 입던 옷, 가지고 있던 패브
릭이나 니트 소품을 다시 활용하는 방
법을 소개합니다. 옷이나 소품의 크기,
색깔, 무늬 등이 저마다 다르기 때문에
완성된 작품도 모두 차이가 있을 거예
요. 책 속에 나온 인형이나 소품의 실
제 사이즈는 만들기에 참고만 하세요.

BEFORE NEEDLEWORK

인형·소품을 만들기 전에

기본 도구와 바느질법

바느질할 준비 되셨나요? 우선 준비물을 점검해볼게요. 리폼할 옷이나 헝겊, 소품을 꺼내놓고 어울릴 만한 단추나 자투리 원단을 찾아보세요. 실, 바늘, 가위는 기본! 인형에 들어갈 솜도 준비해야겠지요? 이 책에는 정말 간단한 바느질법만 사용했어요. 스윽~ 훑어보세요. 입던 옷과 소품들이 어떤 작품으로 변신하는지도 미리 잠깐 소개할게요.

1

2

3

4

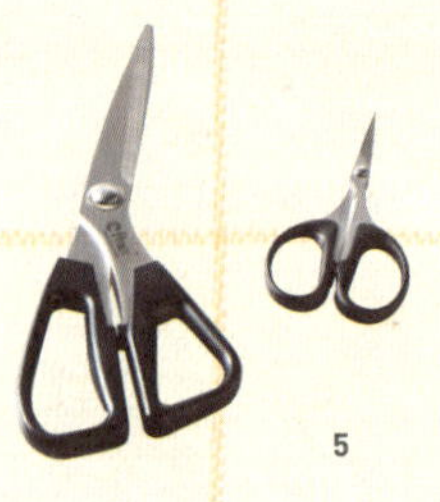

5

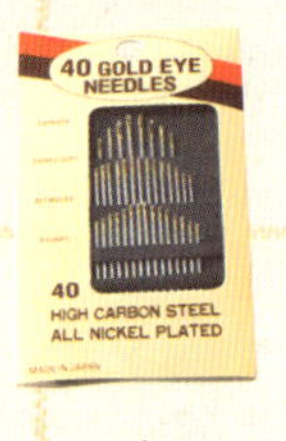

6

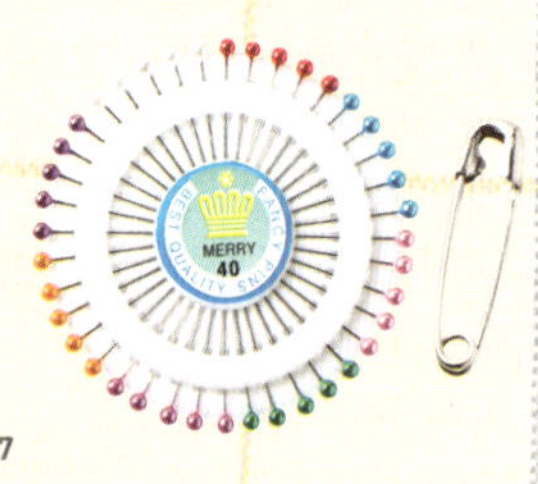

7

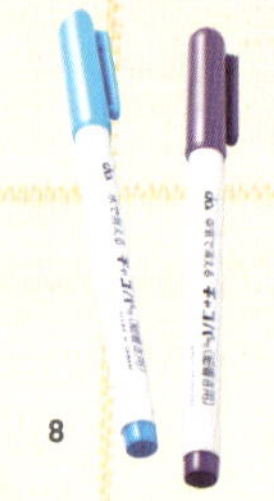

8

9

10

11

1. 작아진 옷과 소품

작아진 옷, 특히 아이가 아끼던 옷은 버리기 아깝잖아요? 인형이나 생활 소품으로 만들어 다시 사용해보세요. 면 티셔츠, 블라우스, 니트, 바지, 목도리……. 옷장을 열고 다양한 리폼 소재를 찾아보세요.

2. 자투리 원단

쓰고 남은 조각 천도 인형 만들기에 유용한 재료가 됩니다. 입던 옷과 어울리는 것을 골라 부분적으로 이어주거나 주머니를 만들어달 수도 있고, 곰돌이의 귀, 꼬마숙녀의 팔과 다리가 될 수도 있어요. 바느질하기 쉬운 소재로 골라 활용해보세요.

3. 솜

인형 안쪽은 솜으로 채워요. 인형 모양과 크기, 용도에 따라 필요한 만큼 사용하면 됩니다. 큼직한 베개 인형 쿠션은 안을 솜으로 채우려면 엄청난 양의 솜이 필요하겠지요? 그럴 땐 안 쓰는 베개나 쿠션 속을 사용하는 것도 방법이에요.

4. 실

기본적인 흰색 바느질실부터 다양한 색실을 사용해요. 바탕이 되는 천의 색깔에 맞춰 기본 바느질실부터 색실을 사용해도 됩니다. 색실은 스티치 장식을 하면 예쁘고 인형의 팔과 다리, 코, 눈 등을 달 때에도 유용하게 사용됩니다.

5. 가위

옷이나 소품, 자투리 원단 등을 자를 때는 큼직한 재단가위가 필요해요. 니트 소재의 옷으로 인형이나 쿠션을 만들 때도 재단가위로 쓱쓱 자르면 됩니다. 실을 자르거나 실밥을 정리할 때 사용하는 작은 가위는 흔히들 모모가위라고 불러요.

6. 바늘

손바느질의 기본! 천과 천을 잇고 단추를 달거나 색실로 스티치 장식을 넣을 때 사용하지요. 원단 두께나 만드는 아이템의 크기에 따라 바늘의 굵기와 길이를 결정합니다. 이 책과 같이 일반적인 바느질에는 사용하기 편한 것을 고르면 됩니다.

7. 시침핀과 옷핀

2장 혹은 그 이상의 천을 겹칠 때, 또 레이스 장식을 꿰매 달아줄 때 시침핀으로 미리 고정시키면 바느질이 쉽고 편해집니다. 천과 천이 서로 밀리거나 모양이 흐트러지지 않도록 도와주지요. 옷핀은 시침핀과 같은 용도로 사용할 수도 있고, 주머니 등을 만들 때 입구 부분에 끈이나 고무줄을 넣을 때 사용하면 편해요.

8. 도안용 펜

옷이나 원단 위에 원하는 모양의 밑그림을 그릴 때 필요한 준비물이에요. 도안을 그리고 가위로 재단한 뒤 남아 있는 펜 자국은 물을 묻히면 사라지는 수성펜이나 일정 시간이 지나면 저절로 지워지는 기화성 펜 중에서 골라 사용하세요.

9. 줄자

길이나 너비 등을 잴 때 사용해요. 재단할 때 쓰는 가위와 짝꿍이지요. 인형을 만든 다음 완성된 인형에 옷을 만들어 입힐 때도 치수를 재는 줄자가 필요합니다.

10. 단추

인형의 눈이 될 수도 있고, 파우치나 가방의 여밈 장식이 될 수도 있어요. 인형 옷이나 룸 슈즈에 예쁘게 달아보아도 좋고요. 단추는 나무, 플라스틱, 철제 소재 등 다양한 종류가 있어요.

11. 각종 장식

인형이나 소품을 좀 더 예쁘게 꾸미고 싶을 때는 장식용 레이스나 폼폼 방울이 달린 줄 장식 등을 활용해보세요. 원하는 길이만큼 잘라 인형 옷이나 머리에 장식해도 좋고, 밸런스 커튼이나 가방 끝 라인에 덧대면 사랑스러운 소품이 완성됩니다.

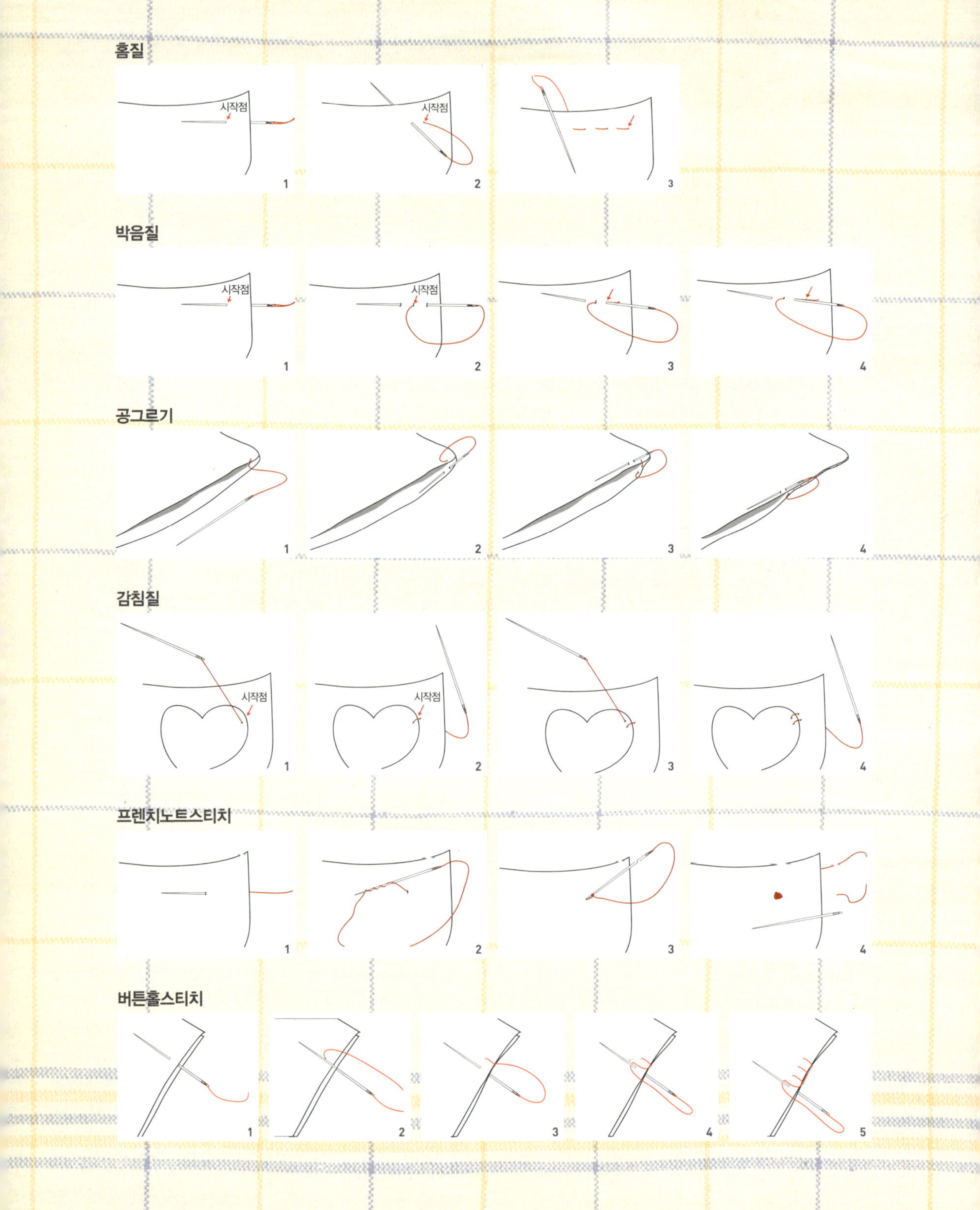

홈질
시작점
시작점
1
2
3
박음질
시작점
시작점
1
2
3
4
공그르기
1
2
3
4
감침질
시작점
시작점
1
2
3
4
프렌치노트스티치
1
2
3
4
버튼홀스티치
1
2
3
4
5

홈질

일정한 간격으로 바늘땀을 유지하며 일자로 바느질하는 방법. 다양한 색상의 실로 원단 가장자리에 스티치 장식을 만들 때 사용하면 좋아요.

1 바늘을 원단의 안에서 밖으로 꽂아 바늘땀을 한 땀 뜨고 다시 밖에서 안으로 꽂는다.
2 ①을 일정한 간격으로 반복한다.
3 원하는 길이만큼 바느질한 뒤 뒷면에서 매듭짓는다.

박음질

바느질 진행 방향의 반대쪽으로 바늘을 꽂아 바늘땀을 이중으로 하는 방법. 2장의 원단을 튼튼하게 연결할 때 사용해요.

1 바늘을 원단의 안에서 밖으로 통과시킨다. 이때 바늘땀은 원단 끝에서 한 땀 뜨고 시작한다.
2 ①의 시작점 뒤쪽으로 바늘을 꽂아 한 땀 앞으로 뺀다.
3 ①의 시작점에 바늘을 꽂아 한 땀 앞으로 뺀다.
4 ①~③을 반복하며 바느질한다.

공그르기

바늘땀이 겉으로 드러나지 않도록 안쪽으로 꿰매는 방법. 단을 처리하거나 창구멍을 막을 때 주로 사용해요.

1 창구멍 시접을 안으로 접은 뒤 위쪽 원단의 시접 안에서 밖으로 바늘을 통과시킨다.
2 아래쪽 원단의 시접 밖에 바늘을 꽂아 가로로 살짝 한 땀 뜬다.
3 위쪽 원단의 시접 밖에 바늘땀을 살짝 뜬다.
4 ②~③을 반복하며 창구멍을 막는다.

감침질

사선 모양으로 감아 꿰매면서 단을 처리하는 방법. 작은 아플리케 등을 붙일 때 주로 사용하지요.

1 원단의 안에서 매듭을 묶어 밖으로 바늘을 통과시킨다.
2 그림처럼 바탕 원단으로 바늘을 뺀다.
3 약간 간격을 두고 ①처럼 다시 밖으로 바늘을 뺀다.
4 ①~③을 반복한다.

프렌치노트스티치

점, 씨앗, 꽃술 등을 표현할 때 사용하는 바느질법. 크기가 작은 인형 눈이나 딸기씨 장식 등을 할 때 좋아요.

1 원단의 안에서 밖으로 바늘을 통과시킨다.
2 바늘에 실을 세 번 돌려 감는다.
3 감은 실을 바늘 앞쪽으로 모은 뒤 ①의 바로 옆에 바늘을 꽂아 밖에서 안으로 뺀다.
4 매듭을 굵게 하고 싶으면 실 감는 횟수를 늘린다.

버튼홀스티치

단춧구멍을 만들거나 아플리케를 할 때 가장 많이 쓰이는 바느질법이에요. 2장의 원단을 이어줄 때 가장자리 장식용으로도 좋지요. 펠트를 사용할 때는 시접 처리 대신 이 방법으로 간단하고 예쁘게 2장을 서로 이어요.

1 2장의 원단을 안끼리 마주 대고 위쪽 원단의 안에서 겉으로 바늘을 통과시킨다.
2 이어서 아래쪽 원단의 겉에서 안으로 바늘을 통과시킨다. 바늘땀이 시접(가장자리)과 직각이 되도록 바늘을 ①의 시작점과 맞닿는 부분에 꽂도록 한다.
3 한 땀 아래로 내려간 위치에서 바늘을 아래쪽 원단에서 위쪽 원단으로 통과시킨다.
4 ③의 바늘에 실을 한 바퀴 감은 다음 바늘을 뺀다.
5 ①~④를 반복해 버튼홀스티치를 완성한다.

면 소재 내복

p. 28

p. 28

니트 목도리

p. 20

신축성 없는 스커트

p. 76

단추 달린 셔츠

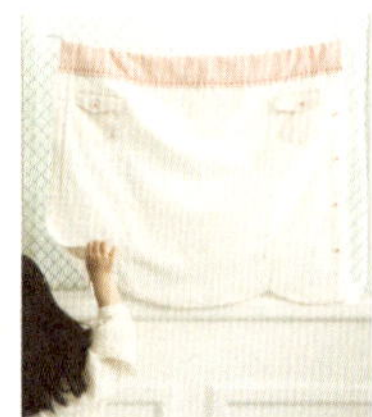

p. 66

p. 77

p. 84

반소매 니트 스웨터

p. 24

p. 45

p. 64

p. 64

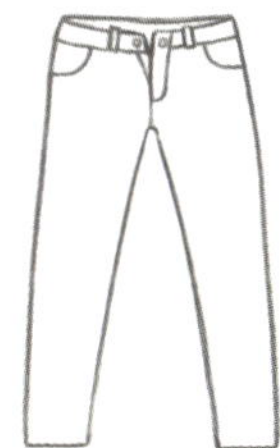

낡은 청바지
p. 52

p. 36

p. 50

기본 라운드 티셔츠(니트 또는 면 소재)

칼라 달린 티셔츠

p. 40

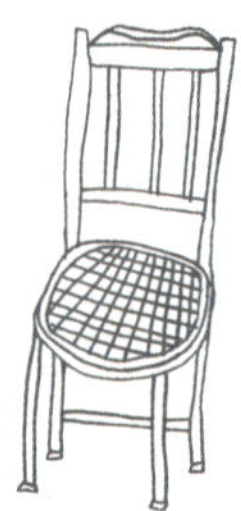

PART 1

작아진 옷으로 인형 만들기

넌 세상에 딱 하나야!

꽃무늬 블라우스, 니트 목도리, 부드러운 소재의 수면 바지……. 작아진 옷들이 폭신폭신한 인형으로 변신했어요.
아끼던 옷들이 작아져 섭섭해 하는 아이에게 옷 대신 귀여운 인형들을 선물하세요. 익살맞은 표정으로 웃는 인형,
눈물을 뚝뚝 흘리는 인형, 예쁜 원피스를 입은 새침떼기~ 모두모두 사랑스럽지요? 내 아이가 입던 옷으로 만들어
세상에 단 하나뿐이라는 것이 너무나 매력적이지 않나요?

눈물을 뚝뚝! 못난이 울보 형제 _p90

줄무늬 목도리 하나로 형과 아우 인형을 만들었어요. 쭉쭉 늘어나는 니트 소재라 2가지를 만들기에 충분했어
요. 팔다리가 긴~ 홀쭉이 형과 키 작고 통통한 못난이 동생은 자주 싸우나 봐요. 눈물을 뚝뚝 흘리며 소파 위에
앉아 있네요.

니트 목도리로 만들었어요.

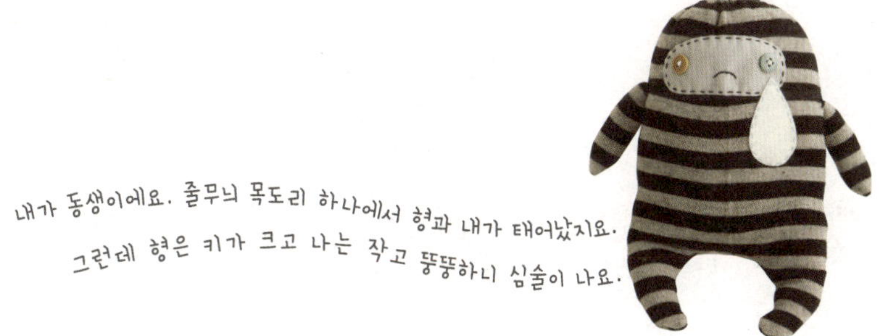

내가 동생이에요. 줄무늬 목도리 하나에서 형과 내가 태어났지요.
그런데 형은 키가 크고 나는 작고 뚱뚱하니 심술이 나요.

뒤뚱뒤뚱! 줄무늬 귀 스마일 쿠우 _p92

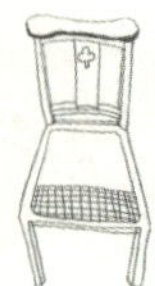

강아지 같기도 하고 코알라 같기도 하고, 또 어찌 보면 부엉이 같기도 해요. 도대체 너의 정체가 뭐니? 짧은 다리로 뒤뚱뒤뚱 나를 따라다니고, 늘 귀여운 눈웃음을 보여주는 이 녀석은 내가 정말 아끼는 친구랍니다.

반소매 니트 스웨터로 만들었어요.

쿠우 친구 뭉치 _p93

쿠우랑 닮은 구석이 많지요? 만드는 방법도 쿠우처럼 간단해요. 뭉치는 커피 원두를 담는 자루를 이용했어요.
어딘지 멋스럽고 개성 넘치지 않나요? 개구쟁이인 것도 쿠우랑 비슷해요. 앞으로 사이좋게 지내보자. 뭉치야!

원두자루로 만들었어요.

찡긋 고양이와 손바닥 인형 _p94

아담한 사이즈의 귀여운 녀석들이지요? 귀 쫑긋, 눈은 찡긋! 손은 다소곳이 차렷 하고 있는 고양이에요. 납작 하고 폭신한 이 인형은 크기가 아담해서 외출할 때 데리고 다니기 좋아요. 가지고 있는 셔츠나 티셔츠, 내복 등 으로 만들다보니 만들 때마다 새로운 모양이 돼요. 두 팔 벌려 웃고 있는 손바닥 인형도 귀엽고 상냥한 친구랍 니다.

티셔츠, 내복 등으로 만들었어요.

핸드워머를 조끼로 입은 꿍꿍씨와 덤벙씨 _p98

내 친구 꿍꿍씨와 덤벙씨를 소개합니다! 갈색 토끼 꿍꿍씨는 늘 뭔가 짓궂은 일을 계획해요. 머리가 아주 좋지요. 덤벙씨는 이것저것 하도 잃어버려서 꿍꿍씨에게 구박 받는 일이 잦아요. 그래도 똑같은 옷을 입고 매일 붙어 다니는 단짝이랍니다.

 핸드워머와 자투리 원단으로 만들었어요.

우리 딸 어릴 적에, 양말을 벗어버리는 습관이 있었어요.

도로시처럼 구두까지 예쁘게 신겨 외출한 날에도 꼭 도중에 양말을 벗어버리곤 했지요.

이렇게 벗어 던진 양말들 중에는 한쪽만 남아 쓸모가 없어진 것들이 꽤 많았어요.

'아까워라……' 생각하다가, 그렇지! 좋은 생각이 났답니다.

그 후로 우리 딸 방에는 양말 인형이 하나씩 늘어나게 되었어요.

양말이 가지각색이니 요 녀석들도 전부 개성 있게 생겼지요?

두건 쓴 앤과 올림머리 제니 _p100

이번에는 요조숙녀들을 소개할게요. 까만 머리에 두건을 쓰고 다니는 이 친구는 앤이에요. 명랑하고 수다스럽지요. 머리를 동그랗게 모아 올린 마른 몸매의 아가씨는 제니랍니다. 부끄러움을 많이 타고 말이 없어요. 둘 다 소매로 옷을 만들어 입었어요. 멋쟁이 숙녀들의 옷이 근사하게 완성됐지요?

니트와 티셔츠 소매로 만들었어요.

꽃무늬 토끼 몽이와 뾰족귀 짱이_p104

티셔츠 하나로 서로 다른 모양의 인형을 만들었어요. 귀가 길고 키가 큰 토끼 몽이랑 뾰족한 귀를 가진 짱이에
요. 짱이는 음... 무슨 동물일까요? 엄마의 상상으로 태어난 아이에요. 몽이는 수줍은지 볼이 핑크색이에요. 둘
다 멋 부리는 걸 좋아해서 목도리를 하나씩 둘렀네요.

 티셔츠와 자투리 원단으로 만들었어요.

내 매력은 귀가 짝짝이인 거래요.
몽이와 나는 이곳에서 사이좋게, 행복하게 살고 있어요.

키다리 아저씨 곰곰이 _p108

오빠가 입던 칼라 달린 티셔츠네요? 곰곰이 아저씨는 키가 커서 무슨 옷이든 잘 맞아요.
이렇게 입으니 제법 의젓해 보여요. 곰곰이 아저씨는 내가 속상할 때마다 토닥토닥 위로
해주고 깜깜한 밤에는 무섭지 않도록 내 옆을 지켜주는 나만의 키다리아저씨랍니다.

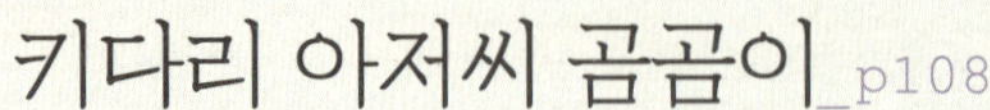 칼라 달린 티셔츠로 만들었어요.

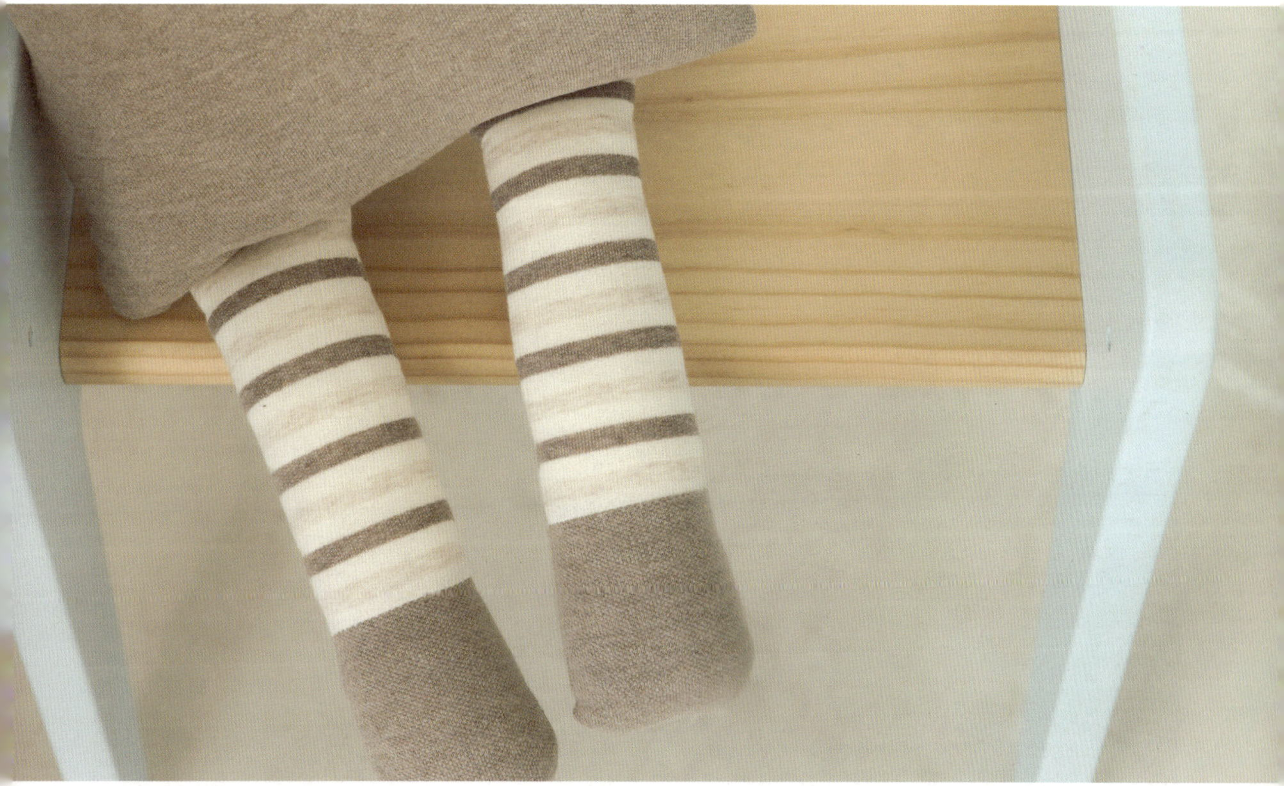

같은 방법으로 만들어요

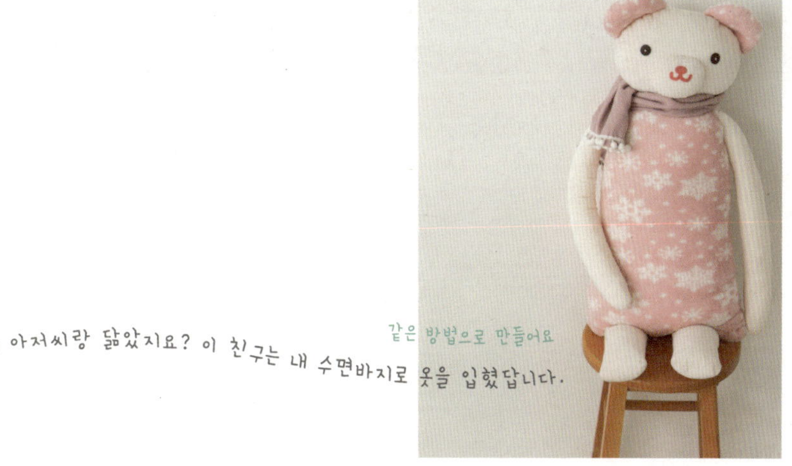

곰곰이 아저씨랑 닮았지요? 이 친구는 내 수면바지로 옷을 입혔답니다.

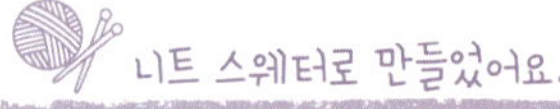
니트 스웨터로 만들었어요.

강아지 쥬쥬군과
초록 부엉이 도도양 _p112

강아지 쥬쥬군은 부엉이 도도양에게 관심이 많아요. 자기가 도도양의 남자친구가 되기를 바라지요. 하지만 도도양은 쉽게 마음을 열지 않네요. 내가 입던 니트 원피스로 만든 옷을 똑같이 입었으니 둘은 곧 친한 사이가 될 수 있겠지요?

::
"엄마, 엄마~!
우리 쥬쥬군과 도도양 못 보셨어요?
요것들이 어디 숨었지?
얼른 이리 나와~"

쥬쥬랑 도도는 우리 딸이 자주 입던 초록색 니트 티셔츠로 만든 인형이에요.
딸이랑 제일 친한 친구들이지요.

양말 인형 쿠키맨_p116

사람 모양의 쿠키 '진저브레드맨' 아시지요? 이 친구를 보면 그 쿠키가 생각나요. 훨씬 통통하고 심술궂게 생겼지만. 그래서 쿠키맨이라고 이름 지어줬어요. 엄마가 양말 한 짝을 가지고 눈 깜짝 할 사이에 만들어주셨어요. 정말 간단하네요. 쿠키맨의 친구도 만들어볼래요. 양말 한 쪽에 구멍이 나면 다른 한 쪽으로 이렇게 인형을 만들어보세요.

양말로 만들었어요.

같은 방법으로 만들어요

또 다른 양말로 쿠키맨에게 친구를 만들어주었어요.
만드는 방법은 P.36 '뾰족귀 짱이'랑 비슷해요.

빨간 목도리의 검은 고양이 하루씨 _p117

어딘지 모르게 끌리는 매력이 있는 하루씨예요. 시크한 검정색 고양이지요. 줄무늬 티셔츠를 입고 목에는 꼭
빨간 목도리를 둘러 패션 센스를 자랑한답니다. 흰 수염도 쫑쫑 나고 귀는 쫑긋! 팔다리는 제법 길어요. 콧대가
좀 세 보이는데 하루씨랑 친구가 될 수 있을까요?

티셔츠로 만들었어요.

청바지를 입은 갱스터 냥이 _p120

건들건들~ 청바지를 입은 키다리 고양이인데, 좀 건방져 보이지 않나요? 슬쩍 못된 짓도 할 것 같고. 그래서
갱스터 냥이라고 불러요. 겉모습이 그렇기는 하지만 알고 보면 마음 여리고 착한 친구일지도 몰라요. 그래서
오늘은 말을 한 번 걸어보려고요. 냥이! 네 이름이 뭐니?

청바지와 펠트로 만들었어요.

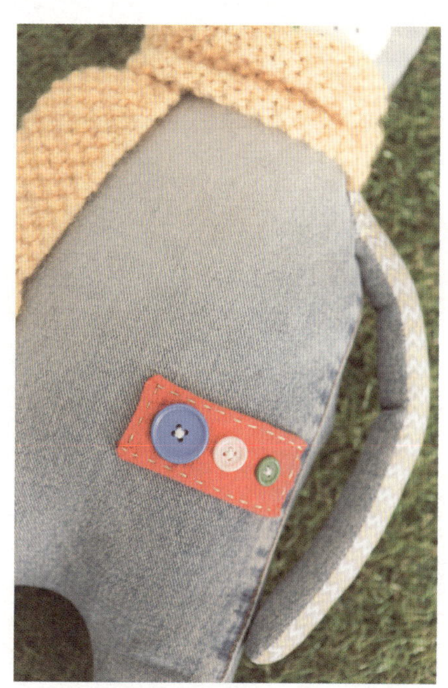

우리 집 평화 수호자 꼬꼬양 _p122

꼬꼬양은 우리 집 인형 나라의 평화를 지키는 지혜롭고 착한 친구랍니다. 다투는 아이들이 있으면 이야기를 들어보고 조심조심 타일러 화해시켜요. 빨간 부리에 초록 벼슬, 그리고 노란 날개. 모습도 참 예쁜 꼬꼬양이지요.

타월과 자투리 원단으로 만들었어요.

꼬꼬양의 남자친구예요. 이름은 꼬꼬군이랍니다! 꼬꼬양과 같은 방법으로 만들어요.
날개는 펠트를 잘라 바로 고정시키면 됩니다.

랄랄라~ 우리는 삼형제_p125

토끼, 곰, 돼지, 얘네 셋은 쌍둥이 형제예요. 태어난 날도 같고 키도 몸무게도 모두 똑같아요. 엄마가 사이좋게
지내라고 예쁜 삼각 머플러를 하나씩 둘러주셨어요. 보송보송~한 타월로 만들어 잠잘 때 꼭 안고 자기 좋아요.
내 침대 위에는 언제나 이 친구들이 앉아 있답니다.

타월과 자투리 원단으로 만들었어요.

::
"가끔 나도 기분이 울적할 때가 있어요.
엄마한테 야단을 맞았거나 뭔가 뜻대로 되지 않을 때 그래요.
그럴 땐 인형 친구들이 있는 방으로 간답니다.
나를 제일 잘 위로해주는 건 역시 그 아이들이거든요.
엄마도 내 맘을 잘 몰라요.
오늘은 친구들이랑 잘래요. 토닥토닥~ 옛날이야기를 들려줄 거예요."

::
"요즘 내 취미는 발레랍니다.
음악을 틀어놓고 빙글빙글~ 다리를 쭈욱~
꿍꿍씨! 그렇게 지켜보고 있지만 말고 어서 나를 따라 해봐!"

재활용으로 다양한 소품 만들기

실용적인데 예쁘기까지 하다고!

이번에는 방 안에 필요한 쿠션이나 장식품, 수납 바구니를 만들 거예요. 예쁜 가방과 룸 슈즈도 만들어보아요. 아! 햇빛을 가려줄 작은 커튼도 만들 수 있어요. 물론 이런 소품들도 작아진 옷과 못 쓰는 자투리 원단을 이용하면 됩니다! 업사이클링(Up-cycling)의 의미가 있는, 특별한 소품을 간직하는 거예요. 실용적이고 재치 있는 아이템으로 가득한 아이 방은 세상에서 가장 즐거운 놀이터랍니다.

비 오는 날! 구름 모빌과 목 쿠션_p128

구름에서 빗방울이 똑, 똑, 똑! 창가나 벽에 걸어두면 빗소리가 들린답니다. 작아진 니트를 잘라 모빌도 만들고 목 쿠션도 만들 수 있지요. 듬성듬성 바늘땀으로 꾸미고 목 쿠션에는 구름 모양 장식도 붙여보세요. 이런 소품 들이 있는 방이라면 감성도 촉촉~해질 것 같아요.

니트 스웨터와 펠트로 만들었어요.

아, 눈부셔~ 창문에 살짝 걸어두는 미니 커튼 _p131

어! 주머니도 있고 단추도 달려 있네? 내가 좋아하는 그 셔츠인가? 어머! 그런가 봐요. 언제 이렇게 감쪽같이 커튼으로 변신했을까요? 엄마의 아이디어는 정말 멋져요. 줄 양쪽 끝에 창문에 밀착해 붙이는 고무판을 달아 어디에나 걸어두기 편리하게 만들었어요. 차에서도 필요한 아이템이네요. 햇빛이 너무 강한 날에는 눈을 뜨기조차 힘들거든요.

셔츠로 만들었어요.

::
"꼭 꼭 숨어라~ 옷자락이 보일라~
커튼 뒤에 숨었나? 어디 숨었지?"

털실 자수로 멋 부린 부엉이 쿠션 _p132

심플한 사각형 쿠션이지만 털실로 스티치 장식을 더해 내 방에 꼭 어울리는 인테리어 소품이 완성됐어요. 놀란
표정의 부엉이가 너무 귀엽지요? 작아진 니트로 쿠션 커버를 만들고 원하는 그림을 그린 다음 선을 따라 굵은
땀 스티치를 해보세요. 엄마가 조금 도와주면 스티치는 내가 직접 해볼 수도 있어요. 바늘이 뾰족하니 조심조
심 해야 해요.

 니트와 털실로 만들었어요.

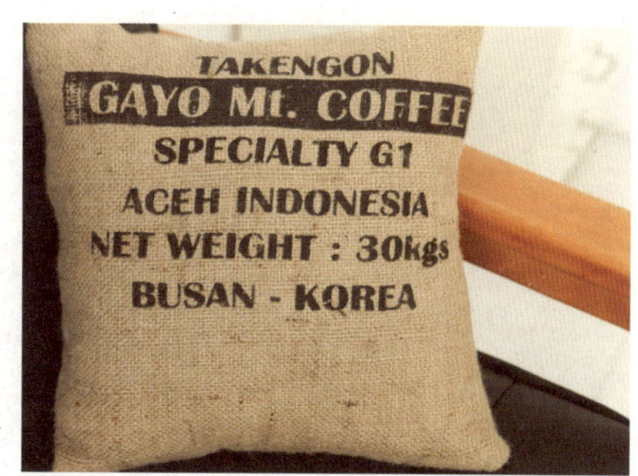

같은 방법으로 만들어요
원두자루를 재활용해 만든 사각 쿠션이에요.
만드는 법은 P.132에 있어요.

원두자루로 만든 수납 바구니 _p134

이국적인 분위기가 물씬 풍기는 수납 바구니예요. 거실이나 주방에도 잘 어울리는 근사한 소품이네요. 원두 자루를 그대로 이용하니 소재도 튼튼하고 스타일도 멋지게 완성됐어요. 안감으로는 안 쓰는 이불커버를 활용했어요. 컬러나 프린트를 잘 선택하면 리폼의 완성도가 더욱 높아진답니다. 원두자루가 없다면 청바지도 훌륭한 재료가 돼요. 수납을 위한 실용성까지 갖췄으니 여러 개 만들어 집 안 곳곳에 두고 사용하면 좋겠네요.

원두자루와 이불커버로 만들었어요.

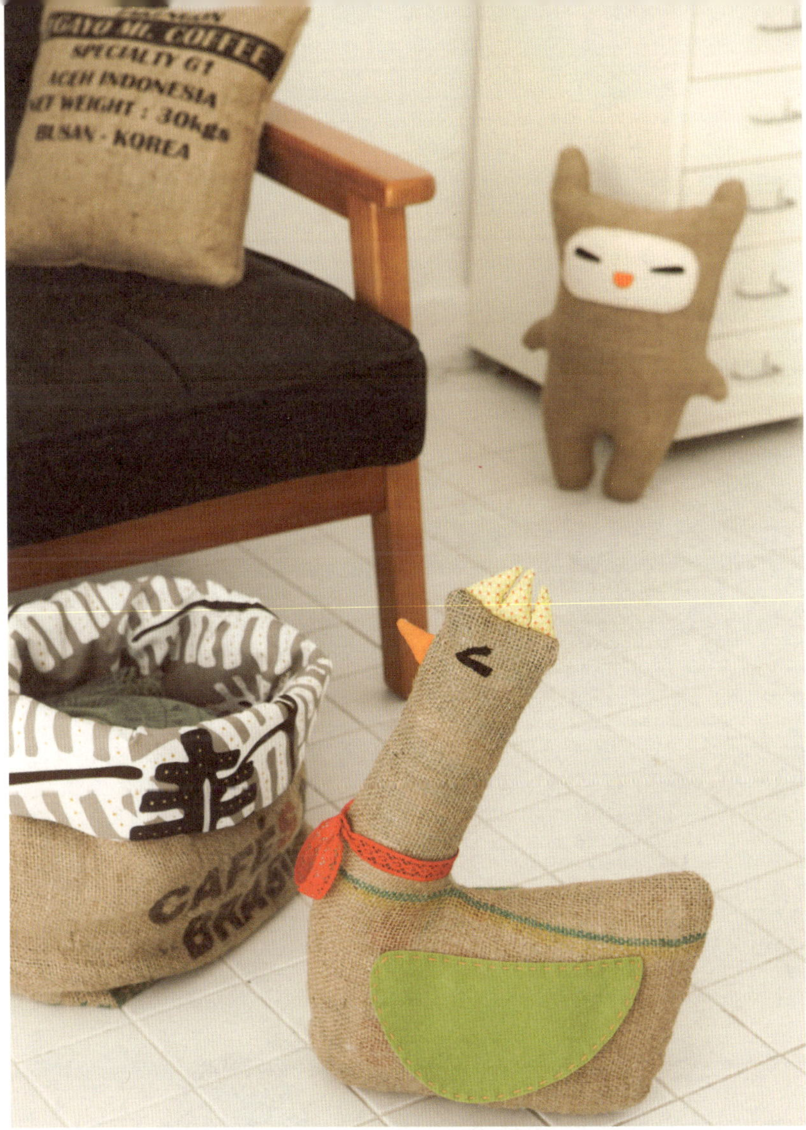

같은 방법으로 만들어요

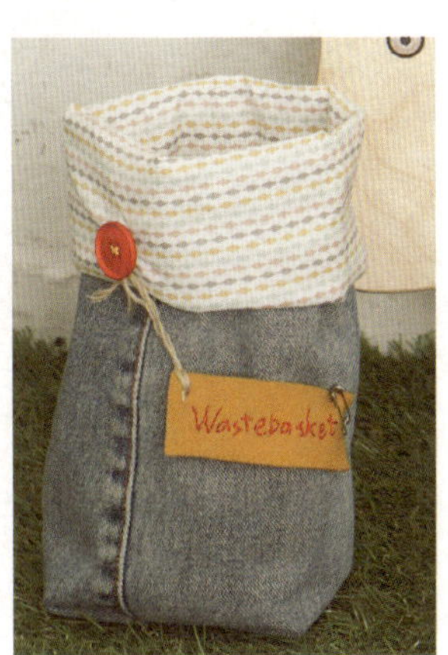

모양이 좀 더 길쭉하긴 하지만 같은 방법으로 만들어요.
이번 리폼 소재는 청바지예요. 만드는 법은 p.133에 있어요.

혼자 잠자기 연습에 최고! 커다란 베개 쿠션 _p135

베개를 속까지 그대로 활용해 인형 모양 빅 쿠션을 만들어요. 앞쪽에 얼굴을 만들어 붙이고 허리에 리본을 묶어주면 끝! 푹신한 솜이 들어 있어 껴안고 기대고 뒹굴기에 최고예요. 침대 위에서 든든하게 나를 지켜주는 짝꿍이지요. 베개커버의 컬러나 프린트에 따라, 또 어떤 표정을 지어주느냐에 따라 개성 넘치는 소품이 될 거예요. 당장 하나 만들어 오늘 밤부터 껴안고 자도록 해요. 혼자 잠자는 습관 기르기에 정말 좋은 친구랍니다.

☐ 베개커버와 펠트로 만들었어요.

::

"사랑스러운 리폼 친구들이 우리 집에 온 후로
내 방은 신 나는 놀이터가 되었답니다."

엄마 흉내 내기! 낡은 스커트로 만든 토트백 _p137

엄마 가방과 같은 모양의 가방을 만들어 달라고 부탁했더니 이렇게 근사한 백을 선물로 받았어요. 지퍼로 앞여
밈을 하는 내 치마가 토트백으로 변신했지요. 치마 앞부분의 모양과 장식을 그대로 살렸더니 더 멋지네요. 폭
이 2cm쯤 되는 면 소재 테이프를 이용해 가방 끈도 달아주세요. 외출용이나 보조가방으로 사용할래요!

스커트와 셔츠로 만들었어요.

셔츠로 만든 여러 가지 에코백 _p139

예쁜 꽃무늬 셔츠로는 에코백을 만들어보세요. 요즘 에코백이 유행인 건 다 알고 있지요? 학교에 갈 때도 학원에 갈 때도, 엄마 따라 시장에 갈 때도 꼭 챙기는 가방이에요. 색색이 예쁜 셔츠로 만들어 별도로 모양을 낼 필요도 없어요. 단추와 프릴 장식을 그대로 살려 만들어도 좋고, 어울리는 안감과 끈을 매치해 포인트를 줘도 좋아요. 면 소재라 쉽게 빨아 쓸 수 있어서 더욱 실용적이랍니다.

 셔츠와 자투리 원단으로 만들었어요.

청바지나 셔츠로 만든 엄마표 룸 슈즈 _p140

청바지나 셔츠로 만든 룸 슈즈예요. 되도록 얇은 소
재라면 좋겠어요. 발을 감싸주는 곡선 모양으로 만
들어야 하니까요. 안감은 자투리 원단이나 못 입는
옷 일부를 잘라 사용하세요. 엄마와 나의 커플 슈즈
로 만들어도 좋겠네요. 단추나 리본을 달아 나만의
룸 슈즈를 꾸며보세요. 장식은 내 손으로! 재미있겠
지요? 엄마의 도움을 살짝 받아도 좋아요.

청바지나 셔츠로 만든 엄마표 룸 슈즈

청바지나 셔츠로 만들었어요.

수면바지로 만든 벙어리장갑과 룸 슈즈 _p144

보송보송 부드러운 수면바지가 닳아서 버릴 때가 되었나요? 수면바지는 보통 엉덩이 부분이나 바지 밑단이 빨리 닳곤 하지요? 이 부분만 빼면 아직 괜찮은데 말이에요. 이 보드라운 소재로 벙어리장갑과 룸 슈즈를 만들어보는 건 어때요? 상상도 못했었는데 정말 근사한 두 가지 소품이 태어났어요. 아~ 따뜻해요! 엄마표 장갑이 최고랍니다.

수면바지로 만들었어요.

만드는 방법은 p.140 '청바지로 만든 룸 슈즈'와 똑같아요!

북유럽스타일 룸 슈즈와 러그_p146

북유럽스타일이 대세인 요즘, 우리 집에도 이런 소품 몇 가지쯤 있다면 좋겠지요? 음~ 어떤 소재를 리폼해볼까요? 마침 북유럽스타일에 어울리는 셔츠가 있네요. 룸 슈즈를 만들면 좋겠어요. 두툼한 타월 한 장을 이용하면 남은 블라우스 조각을 덧대 근사한 러그도 만들 수 있답니다. 우리 엄마는 솜씨가 좋아 못 만드는 게 없어요. 또 어떤 옷이 작아졌나…… 볼까요?

타월과 셔츠로 만들었어요.

::
"엄마!
앤에게 새 옷을
만들어주실래요?
나랑 똑같은 옷이면
더 좋겠어요."

인형과 소품 만들기

마음껏 리폼하고 꾸며봐!

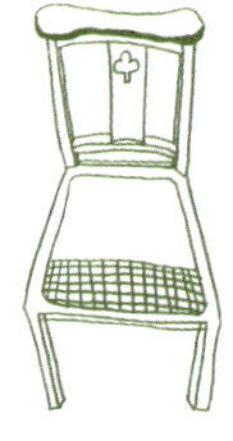

자, 이제 인형과 소품 만들기에 도전해볼까요? 가지고 있는 재활용 재료가 모두 다르니 책과 똑같은 색깔이나 무늬로 만들 수는 없을 거예요. 크기도 조금씩 다를 테고요. 앞서 소개한 인형과 소품들의 사이즈를 만드는 방법과 함께 적어두니 참고하세요. 바느질법도 복잡하고 어려운 것은 싣지 않았어요. 만들기에 스트레스를 받으면 안 되니까요. 바느질이 좀 서툴러도 괜찮아요. 우리가 만든 인형과 소품들은 세상에 딱 하나뿐이라서 그 자체로 충분히 빛난답니다!

눈물을 뚝뚝! 못난이 울보 형제 _p20

형 : 줄무늬 목도리 22×92cm, 회색 · 흰색 펠트 조금씩, 단추 1쌍, 솜 500g, 실(검정색, 흰색)

동생 : 줄무늬 목도리 22×35cm, 회색 · 흰색 펠트 조금씩, 단추 1쌍, 솜 200g, 실(검정색, 흰색)

인형 사이즈는 형 20×90cm, 동생 20×30cm입니다.
가지고 있는 리폼 재료에 맞추어 사이즈를 조정하세요.

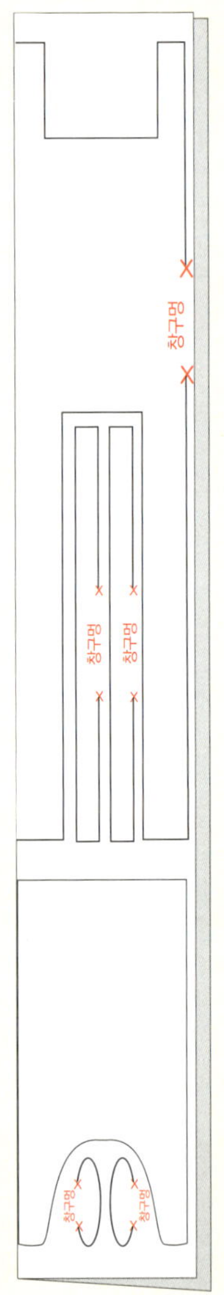

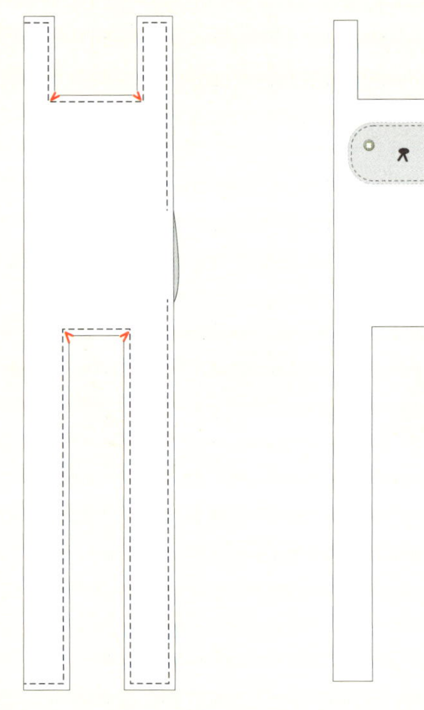

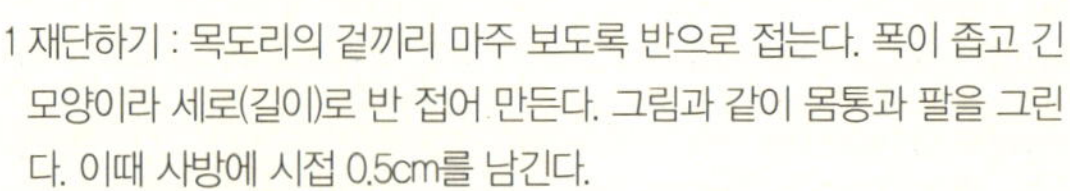

1 재단하기 : 목도리의 겉끼리 마주 보도록 반으로 접는다. 폭이 좁고 긴 모양이라 세로(길이)로 반 접어 만든다. 그림과 같이 몸통과 팔을 그린다. 이때 사방에 시접 0.5cm를 남긴다.

2 몸통 박음질하기 : 귀부터 다리까지 이어진 몸통을 시접 따라 자른 다음 겉끼리 마주 댄 상태에서 그림과 같이 창구멍을 남기고 박음질한다. 모서리 부분에는 가위집을 넣는다.

3 솜 채우기 : 창구멍으로 뒤집어 귀부터 다리까지 골고루 솜을 채운다.

4 얼굴 만들기 : 회색 펠트를 얼굴 크기로 둥글게 자른 다
  음 단추를 달아 눈을 만들고 검정색실로 스티치해 코와
  입을 만든다.
  ★ 단추를 달 때에는 X자 모양으로 바느질해요.

5 얼굴 붙이기 : 얼굴의 위치를 정하고 펠트 가장자리에서
  0.5cm 안쪽을 반박음질해 얼굴을 몸통에 붙인다. 흰색
  펠트로 눈물을 만들어 얼굴과 같은 방법으로 바느질해
  붙인다.
  ★ p.135 '베개 쿠션'과 같이 얼굴을 원단에 미리 고정시켜도
  됩니다.(p.90 3번 그림 참고)

6 창구멍 막기 : 몸통의 창구멍은 공그르기로 마무리한다.

7 팔 만들기 : 팔 부분이 될 목도리를 겉끼리 마주 댄 상태
  에서 시접을 남기고 박음질한다. 이때 창구멍을 남겨두
  었다가 뒤집어 솜을 채우고 창구멍은 공그르기로 마무리
  한다. (p.117 기본 팔 만들기 그림 참고)

8 몸통에 팔 연결하기 : 몸통 양쪽에 위치를 정해 팔 위쪽
  만 감침질 또는 공그르기로 고정시킨다.

참고하세요!
목도리의 길이에 따라 큰 인형과 작은 인형을 함께 만들
수 있어요. 목도리의 폭이 좁은 경우 세로로 반 접어 만들
고 폭이 넓은 모양일 때는 가로로 반 접으면 됩니다. 튜브
모양(원통형)의 목도리는 그대로 사용하세요.

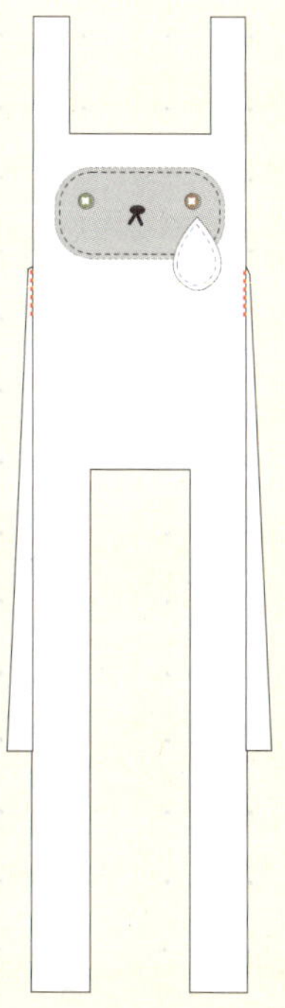

울보 동생

동생도 형과 만드는 방법은 같아요. 동생 모양대로 도안을 그
려 만들어요. 한 가지! 몸통을 만들 때 창구멍을 머리 위에 두
세요. 솜을 채운 뒤 위쪽의 열린 부분을 큰 땀으로 홈질한 다
음 실을 당겨 오므리고 풀리지 않게 매듭을 지어주면 됩니다.
간단하지요?

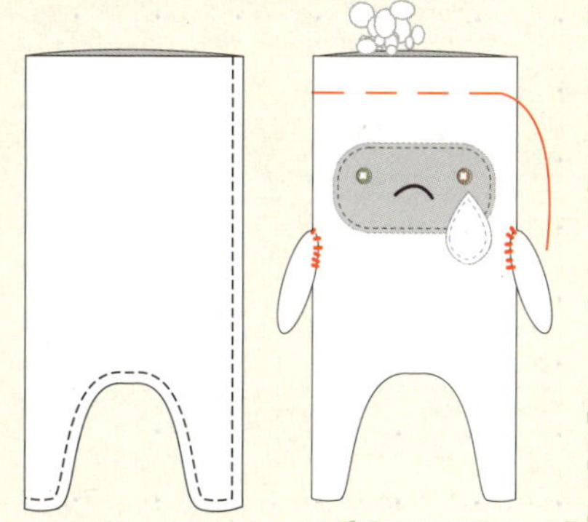

뒤뚱뒤뚱! 줄무늬 귀 스마일 쿠우 _p24

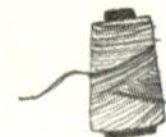 아이가 입던 반소매 니트 스웨터 40×35cm, 검정색 · 빨간색 펠트 조금씩, 솜 300g, 실(회색, 검정색, 빨간색)

인형 사이즈는 35×30cm입니다. 가지고 있는 리폼 재료에 맞추어 사이즈를 조정하세요.

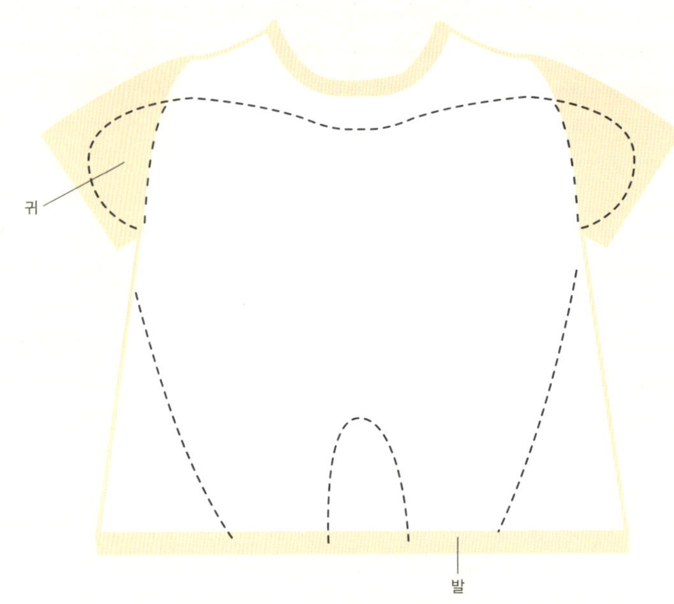

1 박음질하기 : 니트를 뒤집어 그림과 같이 박음질한다.

2 재단하기 : 박음질선 밖으로 시접 1cm를 남기고 재단한다.
★니트는 올이 풀릴 수 있으니 박음질한 뒤 재단합니다.
★아직 티셔츠를 뒤집지 마세요!

3 귀 만들기 : 발 부분으로 뒤집은 뒤 귀에 솜을 채우고 점선을 따라 홈질한다.

4 몸통에 솜 채우기 : 인형 전체에 솜을 채운다.

5 얼굴과 손 꾸미기 : 펠트를 잘라 눈과 입을 만들어 감침질하거나 글루로 붙인다. 손은 박음질해 넣는다.

6 창구멍 막기 : 발 부분의 창구멍을 공그르기로 마무리한다.

쿠우 친구 뭉치 _p27

 원두자루 70×45cm, 광목 70×45cm, 흰색·검정색·주황색 펠트 조금씩, 솜 300g, 실(흰색, 주황색)

인형 사이즈는 30×40cm입니다. 가지고 있는 리폼 재료에 맞추어 사이즈를 조정하세요.

★ 자세한 만들기 그림은 p.95 '손바닥 인형'을 참고하세요!

1 몸통 재단하기 : 원두자루와 광목을 겉끼리 마주 대고 그리고 싶은 대로 뭉치를 그린다. 시접 2cm를 두고 재단한다.

2 얼굴 재단하기 : 흰색 펠트에 둥근 얼굴 모양을 그려 오린다. 검정색 펠트에는 눈 모양 2개, 주황색 펠트에는 입 모양 1개를 그려 오린다.

3 얼굴 붙이기 : 오려놓은 흰색 펠트에 눈과 입의 위치를 정해 감침질한다. 완성된 얼굴은 주황색실로 홈질해서 몸의 앞면이 될 원단 겉면에 붙인다.

4 박음질하기 : 몸통의 겉면끼리 마주 댄 뒤 시접을 남기고 박음질한다. 귀나 손의 모서리 부분에는 가위집을 넣고, 발 부분은 창구멍으로 남긴다.

5 몸통에 솜 채우기 : 창구멍으로 뒤집어 솜을 채운다. 귀와 손이 되는 부분까지 솜이 골고루 들어가도록 한다.

6 창구멍 막기 : 발 부분의 창구멍을 공그르기로 마무리한다.

실물의 50% 도안입니다.

찡긋 고양이와 손바닥 인형 _p28

찡긋 고양이 : 티셔츠 소매 50×25cm, 흰색 자투리 원단 10×10cm, 흰색 자투리 원단 또는 흰색 펠트 조금, 솜 100g, 실(흰색, 검정색, 빨간색, 회색)

손바닥 인형 : 티셔츠 자투리 20×50cm 2장, 흰색 자투리 원단 또는 흰색 펠트 조금, 솜 100g, 실 (흰색, 검정색, 빨간색, 노란색)

인형 사이즈는 찡긋 고양이 9×18cm, 손바닥 인형 16×20cm입니다.
가지고 있는 리폼 재료에 맞추어 사이즈를 조정하세요.

찡긋 고양이

1 재단하기 : 한쪽 소매의 뒷면에 도안을 따라 그린다. 시접 0.5cm의 여유를 둔다. 흰색 자투리 원단에도 같은 방법으로 그린다.

2 박음질하기 : 같은 크기로 재단한 원단의 겉면끼리 마주 댄 뒤 창구멍을 남기고 본선을 따라 박음질한다. 귀나 발의 모서리 시접에는 가위집을 넣는다.
★원통형의 소매를 인형의 앞뒷면으로 이용할 때는 소매 옆면의 이어진 부분을 그대로 이용하면 편해요. 도안을 그린 뒤 선을 따라 박음질하고 그대로 뒤집어 나머지 부분만 박음질하면 됩니다.

3 솜 채우기 : 창구멍으로 뒤집어 솜을 채운다. 귀와 발 부분까지 솜이 골고루 들어가도록 한다.

4 얼굴 만들기 : 흰색 자투리 원단이나 펠트를 얼굴 모양으로 오린 다음 눈과 코를 박음질한다.

5 얼굴과 손 꾸미기 : 앞면이 될 몸통 위에 얼굴을 올려놓고 색실로 홈질해 붙인다. 손은 그림과 같이 색실로 박음질해 만든다.

6 창구멍 막기 : 창구멍은 공그르기로 마무리한다.

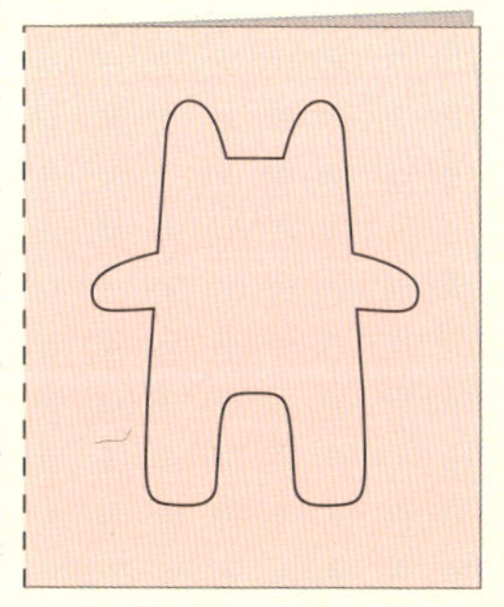

1 몸통 재단하기 : 자투리 원단을 겉끼리 마주 대고 반으로
  접은 다음 도안을 따라 그린다. 시접0.5cm를 두고 재단
  한다.

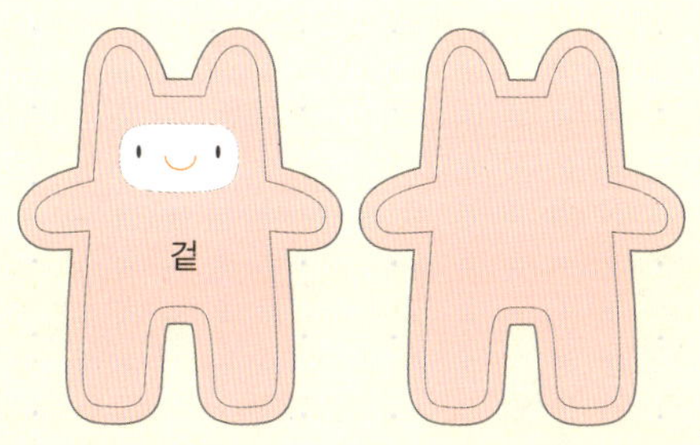

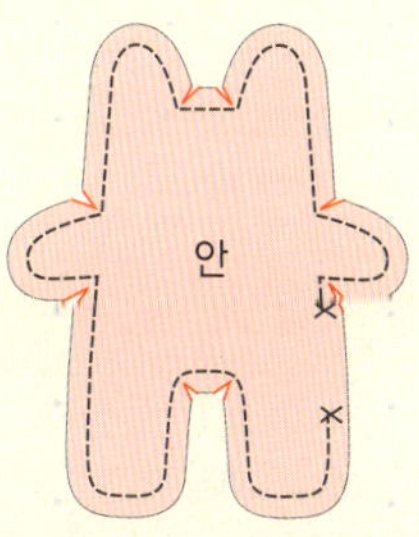

2 얼굴 만들기 : 흰색 펠트에 둥근 얼굴 모양을 그려 오린
  다. 펠트 위에 눈과 입을 색실로 바느질해 만든다. 완성
  된 얼굴은 주황색실로 반박음질해서 몸의 앞면이 될 원
  단 겉면에 붙인다.
  ★눈은 색실로 촘촘하게 채워가며 바느질하고,
  입은 박음질하세요.

3 박음질하기 : 몸통의 겉면끼리 마주 댄 뒤 시접을 남기
  고 박음질한다. 창구멍을 남겨놓는다. 귀나 손의 모서리
  부분에는 가위집을 넣는다.

4 몸통에 솜 채우기 : 창구멍으로 뒤집어 솜을 채운다. 귀
  와 손이 되는 부분까지 솜이 골고루 들어가도록 한다.

5 창구멍 막기 : 창구멍을 공그르기로 마무리한다.

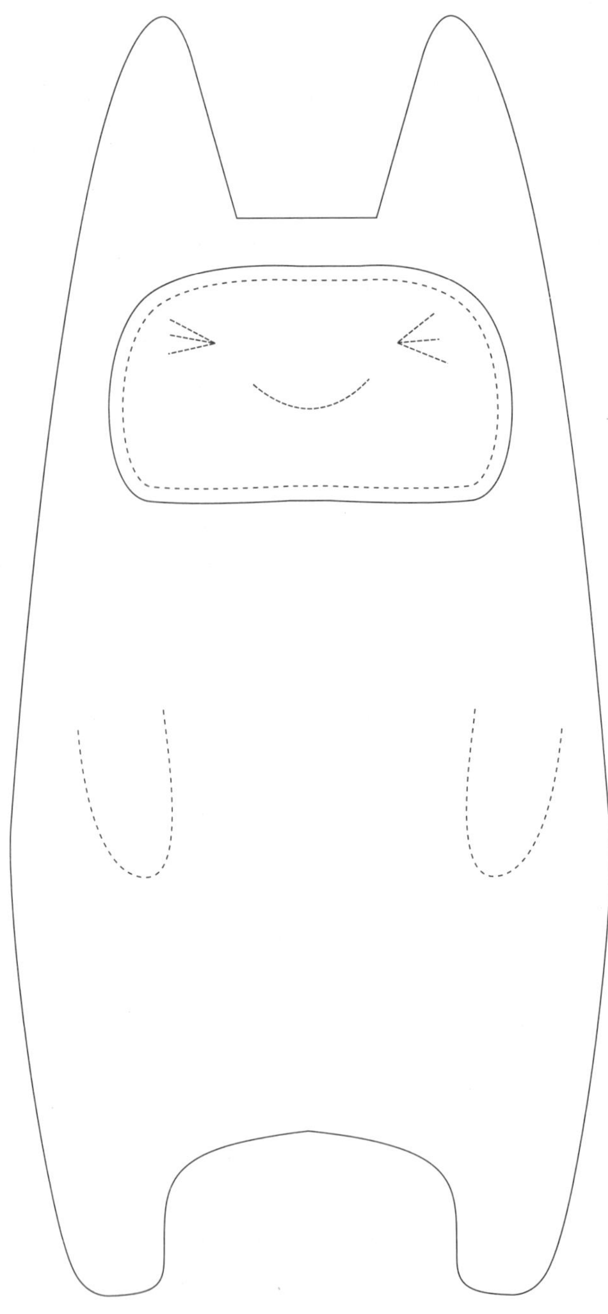

핸드워머를 조끼로 입은 꿍꿍씨와 덤벙씨 _p30

꿍꿍씨 : 핸드워머 1쪽, 짙은 갈색 원단 40×40cm, 솜 70g, 실(흰색, 빨간색)

덤벙씨 : 핸드워머 1쪽, 하늘색 원단 15×30cm, 꽃무늬 원단 30×30cm, 솜70g, 단추 1쌍, 실(흰색, 연두색)

인형 사이즈는 꿍꿍씨와 덤벙씨 모두 15×25cm입니다.
가지고 있는 리폼 재료에 맞추어 사이즈를 조정하세요.

꿍꿍씨

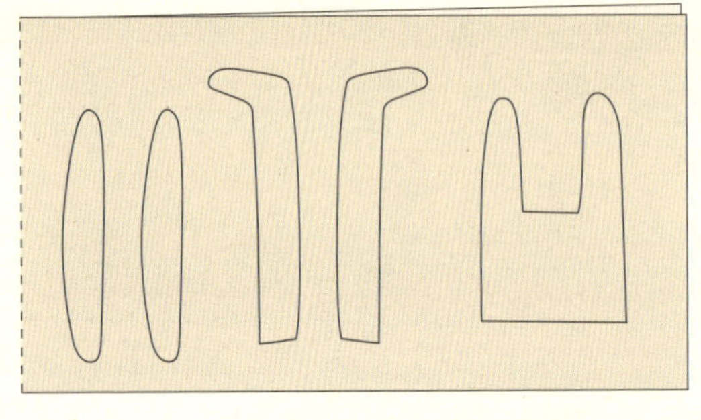

1 재단하기 : 짙은 갈색 원단을 겉끼리 마주 대고 반으로 접는다. 도안대로 얼굴, 팔, 다리를 그린 다음 시접 0.5cm를 남기고 재단한다.

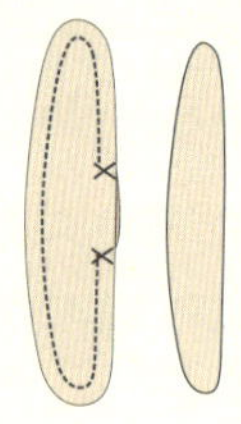 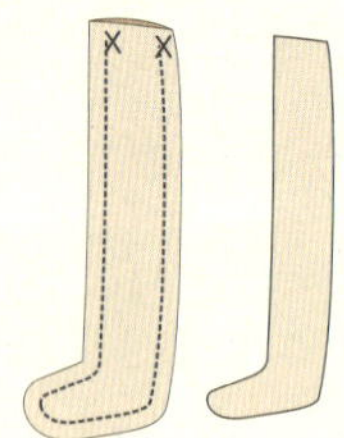 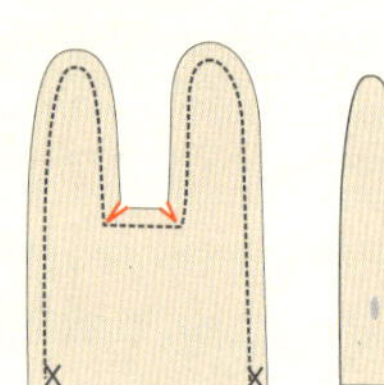 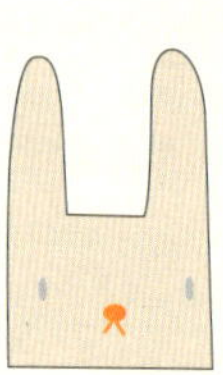

2 박음질하기 : 그림과 같이 창구멍을 남기고 2겹의 얼굴, 팔, 다리를 각각 박음질한다.

3 가위집 넣고 뒤집기 : 얼굴(귀와 머리가 만나는 각이 있는 부분)과 다리(발목의 구부러지는 부분)에 가위집을 넣는다. 박음질해놓은 얼굴, 팔, 다리 원단을 창구멍을 통해 뒤집는다.

4 솜 채우기 : 창구멍으로 솜을 넣어 각 부분을 채우고 팔과 다리는 창구멍을 공그르기로 마무리한다.

5 얼굴 꾸미기 : 얼굴에는 색실로 눈과 코를 스티치한다.

6 몸통과 다리 연결하기 : 몸통이 될 핸드워머에 다리를 끼워 넣고 핸드워머와 같은 색 실로 박음질한다.

7 몸통과 얼굴 연결하기 : 핸드워머에 솜을 채우고 얼굴을 끼워 넣은 다음 핸드워머의 손목 부분을 따라 돌려가며 박음질한다.

8 팔 연결하기 : 마지막으로 팔의 위치를 정하고 팔의 윗부분만 공그르기로 고정시킨다.

꿍꿍씨를 응용해서 만들어요!

덤벙씨는 꿍꿍씨와 똑같은 핸드워머 나머지 한 쪽을 가지고 만들었어요. 만드는 방법은 모두 똑같아요. 아래와 같이 살짝 변형만 했답니다.

- 얼굴 도안에서 귀 부분을 다르게 그려보세요.
- 팔과 다리의 원단을 각각 다르게 사용해보세요. 무늬 없는 원단과 꽃무늬 원단을 섞어 사용하는 식으로요. 집에 있는 자투리 원단을 이용하다보면 여러 가지가 자연스럽게 어우러질 거예요.

실물의 60% 도안입니다.

꽃무늬 셔츠 소매로 만든 토끼 인형

★핸드워머 대신 작아진 셔츠로도 토끼 인형을 만들 수 있어요.

1 p.98 '꿍꿍씨'와 같은 방법으로 얼굴, 팔, 다리를 만들어요.
2 몸통은 핸드워머 대신 꽃무늬 셔츠의 소매를 잘라 만들어요.
3 몸통에 얼굴과 팔을 연결하는 방법은 '꿍꿍씨'와 같고, 몸통에 다리를 연결하는 방법은 p.100 '두건 쓴 앤' 만들기를 참고하세요.

두건 쓴 앤과 올림머리 제니 _p34

앤 : 티셔츠 소매 한쪽, 아이보리색 원단 40×40cm, 두건을 만들 자투리 원단 조금, 솜 100g, 털실(검정색), 실(흰색, 검정색, 빨간색), 인형이 메고 있는 가방(가지고 있는 것을 활용하면 좋아요)

제니 : 니트 소매 한쪽, 회색 폴라폴리스원단 20×50cm, 꽃무늬 원단(치마) 50×10cm, 아이보리색 원단 50×30cm, 솜 100g, 실(흰색, 검정색), 레이스 리본 20cm, 방울 1개

인형 사이즈는 앤 15×25cm, 제니 15×60cm입니다. 가지고 있는 리폼 재료에 맞추어 사이즈를 조정하세요.

두건 쓴 앤

1 팔과 다리 만들기 : p.117 '검은 고양이 하루씨' 만들기를 참고해서 아이보리색 원단으로 팔과 다리를 만든다. 팔 다리 만들기의 기본적인 방법이다.

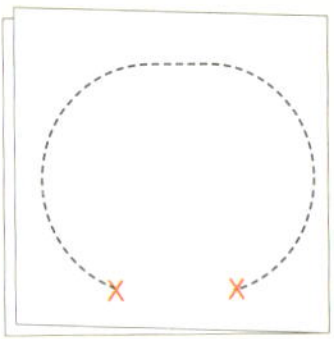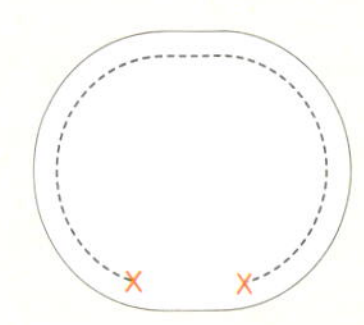

2 얼굴 재단 · 박음질하기 : 아이보리색 원단을 겉끼리 마주 대고 반으로 접은 다음 얼굴 모양 도안을 따라 그린다. 시접 0.5cm를 남기고 재단한 다음 창구멍을 남기고 박음질한다.

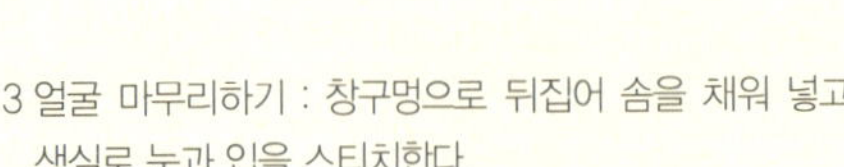

3 얼굴 마무리하기 : 창구멍으로 뒤집어 솜을 채워 넣고 색실로 눈과 입을 스티치한다.

4 몸통과 다리 연결하기 : 몸통이 될 소매를 뒤집어 안쪽이 겉으로 나오게 한 다음 만들어놓은 다리를 소매 원단 사이에 넣고 박음질해 고정시킨다.

5 몸통과 얼굴, 팔 연결하기 : 다리가 연결된 소매를 뒤집어 솜을 채우고 만들어놓은 얼굴을 소매에 공그르기로 고정시킨다. 팔의 위치를 정해 공그르기 또는 감침질로 고정시킨다.

6 머리카락 만들기 : 털실을 원하는 길이로 잘라 얼굴 윗부분에 바느질로 고정시킨다. 이때 털실을 5가닥씩 나누어 고정시키면 편하다. 앞머리를 정리하고 뒷머리는 양 갈래로 묶은 다음 두건을 씌워 마무리한다.

★인형이 메고 있는 가방은 가지고 있는 것을 활용하거나 자투리 원단, 털실 등으로 만들어보세요.

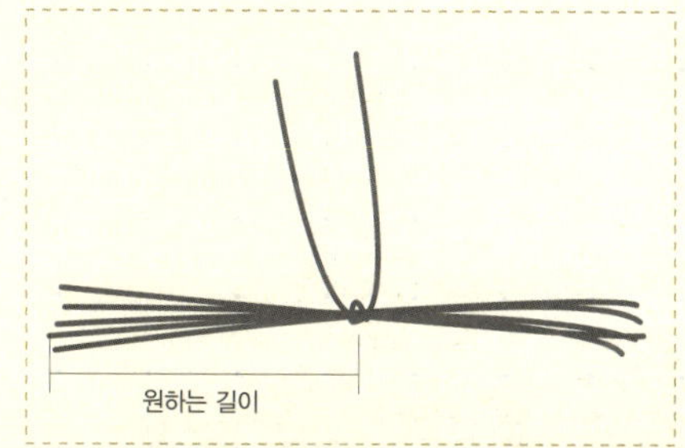

올림머리 제니

1 팔, 다리 만들기 : p.117 '검은 고양이 하루씨'와 같은 방법으로 기본 팔, 다리를 만든다. '제니' 도안을 따라 아이보리색 원단을 사용한다.

2 얼굴과 머리 재단하기 : 아이보리색 원단 뒷면에 얼굴과 머리 도안을 따라 그린 뒤 시접 0.5cm를 남기고 재단한다. 회색 폴라폴리스 뒷면에 앞머리 부분 도안을 따라 그린 뒤 재단한다. 뒷머리 부분은 도안을 따라 그린 다음 시접 0.5cm를 남기고 재단한다.

3 얼굴에 머리카락 연결하기 : 회색 폴라폴리스 원단의 앞머리를 아이보리색 얼굴 원단에 올린 다음 감침질한다. 여기에 뒷머리 원단을 겉끼리 마주 대고 창구멍을 남긴 뒤 박음질한다.

4 얼굴 완성하기 : 창구멍으로 뒤집어 솜을 채우고 창구멍은 공그르기로 마무리한다. 검정색실로 눈을 스티치하고 머리 부분에 방울을 묶어 올림머리스타일을 완성한다.

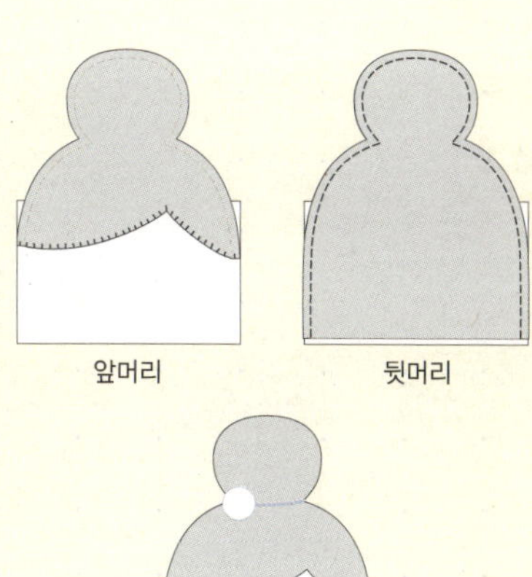

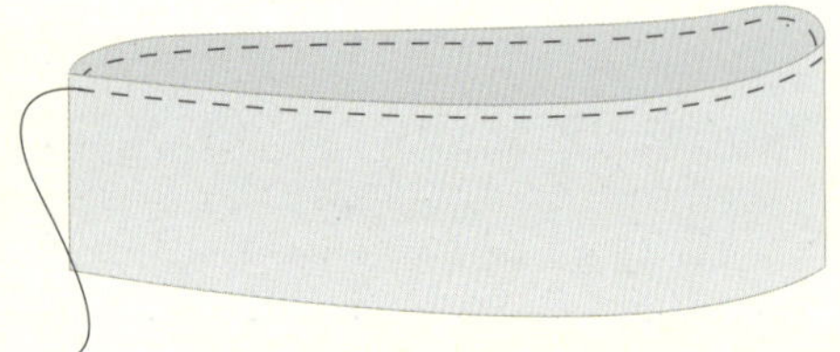

5 치마 만들기 : 치마를 만들 꽃무늬 원단을 겉끼리 마주
　　대고 반으로 접은 다음 끝과 끝이 만나는 부분에 시접
　　0.5cm를 남기고 박음질한다. 아랫단은 1cm 폭으로 접어
　　올려 홈질한다. 윗단은 홈질한 뒤 인형 몸통 둘레에 맞게
　　주름을 잡아 실이 풀리지 않도록 매듭을 지어놓는다.

6 치마 연결하기 : 완성된 치마를 몸통이 되는 니트 소매
　　아래 부분에 끼워 넣고 니트와 함께 반박음질한다. 반박
　　음질한 부분이 지저분하면 레이스 리본 등을 달아 가려
　　준다.

7 몸통과 다리 연결하기 : 몸통이 될 니트 소매를 뒤집어
　　안쪽이 겉으로 나오게 한 다음 만들어놓은 다리를 소매
　　원단 사이에 넣고 박음질해 고정시킨다.(p.100 참고)

8 몸통과 얼굴, 팔 연결하기 : 다리가 연결된 몸통을 뒤집
　　어 솜을 채우고 만들어놓은 얼굴을 몸통에 공그르기로
　　고정시킨다. 팔의 위치를 정해 공그르기 또는 감침질로
　　고정시킨다.

실물의 80% 도안입니다.

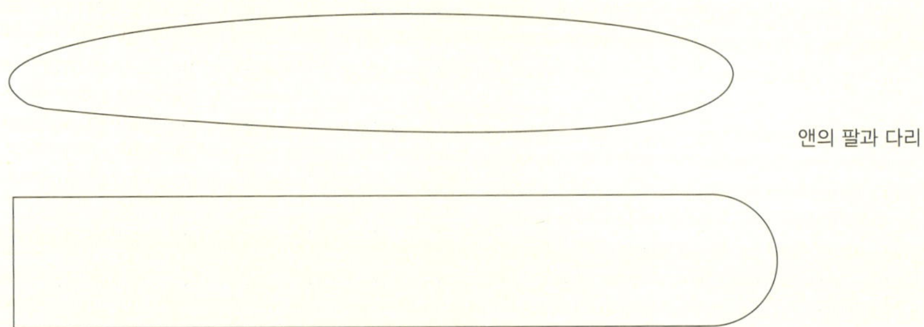

앤의 팔과 다리

제니의 얼굴, 팔, 다리

꽃무늬 토끼 몽이와 뾰족귀 짱이 _p36

몽이 : 꽃무늬 티셔츠 몸판 30×40cm 2장, 아이보리색 티셔츠 30×50cm, 분홍색 자투리 원단 또는 펠트 조금, 솜 400g, 실(흰색, 분홍색, 하늘색, 검정색)

짱이 : 꽃무늬 티셔츠 소매 12×34cm 1장, 아이보리색 자투리 원단 또는 펠트 조금, 솜 100g, 실(흰색, 분홍색, 하늘색)

인형 사이즈는 몽이 25×80cm, 짱이 12×30cm입니다.
가지고 있는 리폼 재료에 맞추어 사이즈를 조정하세요.

꽃무늬 토끼 몽이

1 재단하기 : 꽃무늬와 아이보리색 티셔츠에 각각 귀(꽃무늬+아이보리색), 얼굴(아이보리색), 몸통(꽃무늬), 팔(아이보리색)의 도안을 그려 재단한다. 이때 시접 0.5cm를 남겨 박음질할 때 여유를 두도록 한다.

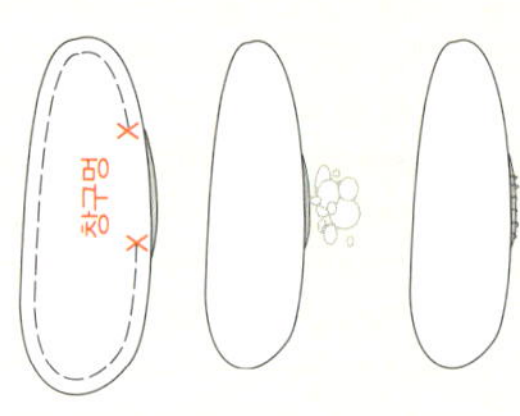

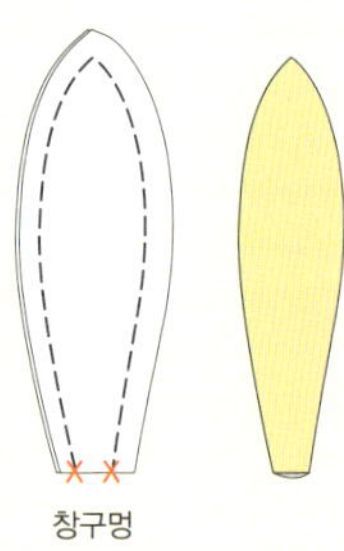

2 팔 만들기 : 팔이 될 아이보리색 원단 2장을 겉끼리 마주 댄 다음 창구멍을 남기고 박음질한다. 창구멍으로 뒤집어 솜을 넣고 창구멍은 공그르기로 마무리한다.

3 귀 만들기 : 귀가 될 꽃무늬 티셔츠와 아이보리색 티셔츠를 겉끼리 마주 댄 다음 창구멍을 남기고 박음질한다. 창구멍으로 뒤집으면 귀 두 쪽이 완성된다.

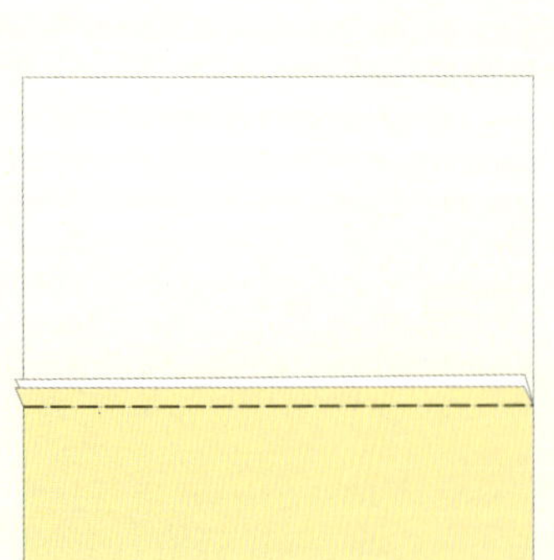
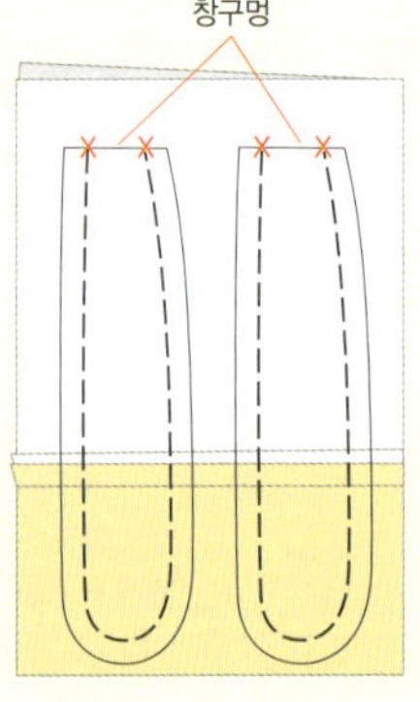

4 다리 만들기 : 다리는 아이보리색 원단과 꽃무늬 원단을 각각 1장씩 겉끼리 마주 대고 박음질해 연결한다. 그 위에 다리 모양 도안을 그린 뒤 시접 0.5cm를 남기고 재단한다. 다리 부분을 각각 2장씩 겉끼리 마주 댄 뒤 창구멍을 남기고 박음질한다. 다시 창구멍으로 뒤집어 솜을 채운다.

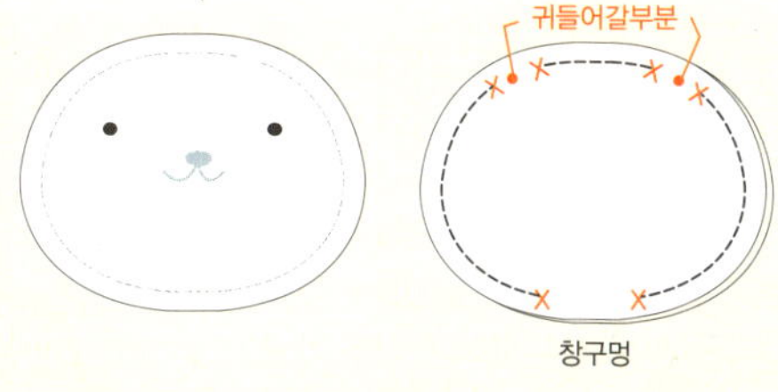

5 얼굴 만들기 : 재단해놓은 얼굴 원단 1장의 겉면에 검
　정색실로 스티치해 눈을 만들고 하늘색실로는 코와 입
　을 만든다. 나머지 1장의 얼굴 원단과 눈, 코, 입을 스티
　치한 얼굴 원단을 겉끼리 마주 댄 다음 귀를 달 곳과
　창구멍을 남기고 박음질한다.

6 얼굴에 귀 달기 : 창구멍으로 뒤집어 솜을 채우고 만들
　어놓은 귀를 양쪽에 끼워 넣어 공그르기로 고정시킨다.

7 얼굴 꾸미기 : 분홍색 펠트를 동그랗게 잘라 양 볼에 바
　느질해 붙인다.

8 몸통에 팔과 다리, 얼굴 연결하기 : 몸통이 될 꽃무늬 원
　단 2장을 겉끼리 마주 대고 원단 사이에 양쪽 다리를 끼
　워 넣은 다음 얼굴이 연결될 부분을 남기고 박음질한다.
　몸통을 뒤집어 솜을 채우고 얼굴을 연결한다.(p.118 '검
　은 고양이 하루씨' 만들기 그림 참고) 몸통 양옆에 팔의
　윗부분을 감침질해 연결한다. 목에 리본 등을 묶어 토끼
　인형을 완성한다.

뽀족귀 짱이

1 재단하기 : 꽃무늬 티셔츠의 소매 부분에 그림과 같이 귀와 얼굴, 몸통, 다리를 한 번에 연결해 그린다.

2 박음질하기 : 창구멍을 남기고 박음질한 다음 시접 0.5cm를 남기고 재단한다. 모서리 부분의 시접에 가위집을 넣는다.

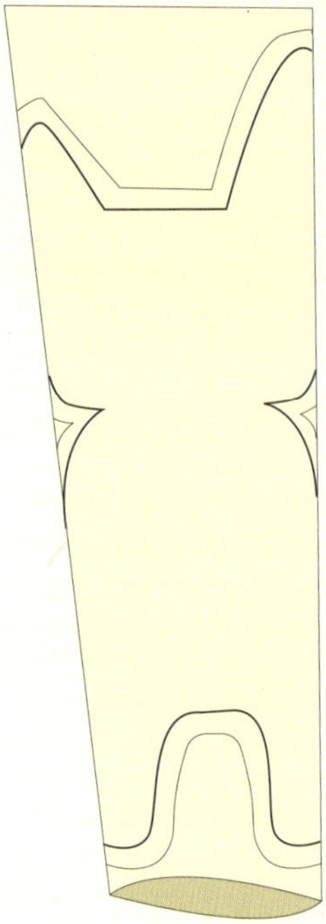

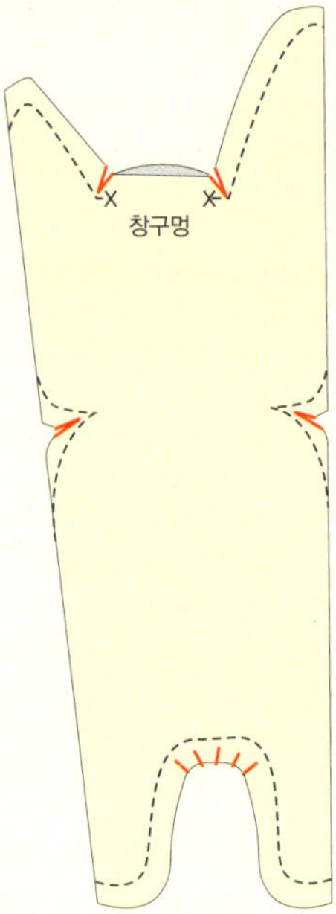

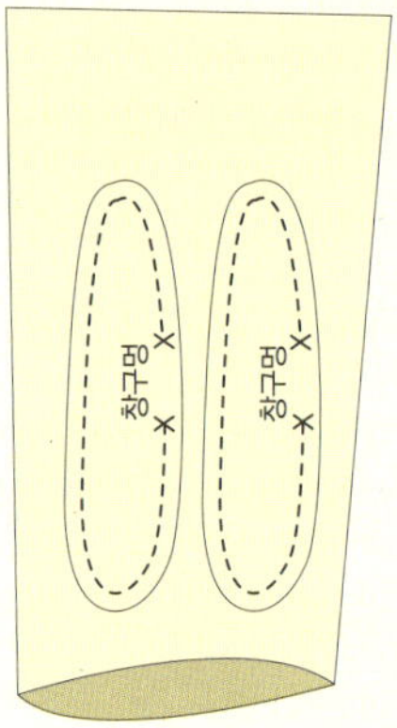

3 솜 채우고 얼굴과 몸통 완성하기 : 창구멍으로 뒤집어 귀부터 얼굴, 몸통, 다리까지 솜을 골고루 채워 넣고 얼굴 부분에 색실로 스티치해 눈과 입을 만든다. 아이보리색 자투리 원단이나 펠트를 동그랗게 잘라 배를 만든다. 가운데에 X자로 스티치해 배꼽을 만든다. 몸통에 배를 올리고 홈질로 이어 붙인다.

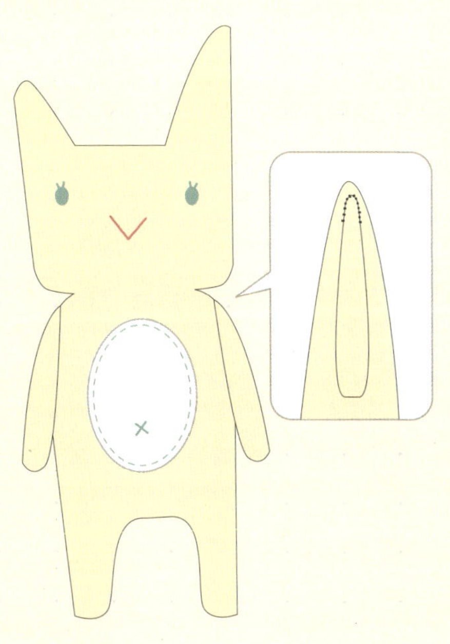

4 팔 만들기 : 팔이 될 원단 2장에 각각 팔 모양을 그려 넣고 원단을 겉끼리 마주 댄 다음 창구멍을 남기고 박음질한다. 창구멍으로 뒤집어 솜을 넣고 창구멍은 공그르기로 마무리한다.

5 몸통에 팔 달기 : 완성된 몸통에 바느질로 양팔을 연결한다. 리본 등을 목에 묶어 장식한다.
★자투리 털실이 있으면 간단하게 목도리를 만들어 둘러도 좋아요.

실물의 50% 도안입니다.

몸통과 팔은 p.117 '검은 고양이 하루씨' 도안과 동일합니다.

키다리 아저씨 곰곰이 _p40

베이지색 칼라 달린 티셔츠 몸판 35×35cm 2장, 아이보리색 티셔츠 또는 자투리 원단 60×
30cm, 줄무늬 내복 또는 자투리 원단 20×30cm, 분홍색(또는 살색) 펠트 조금, 솜 500g, 단추
1쌍, 실(흰색, 베이지색, 하늘색)

인형 사이즈는 30×60cm입니다. 가지고 있는 리폼 재료에 맞추어 사이즈를 조정하세요.

1 재단하기 : 칼라 달린 티셔츠와 아이보리색 티셔츠에 각각 귀(베이지색+아이보리색), 얼굴(아이보리색), 몸통(베이지색), 팔
(아이보리색)의 도안을 그려 재단한다. 이때 시접 0.5cm를 남겨 박음질할 때 여유를 두도록 한다.

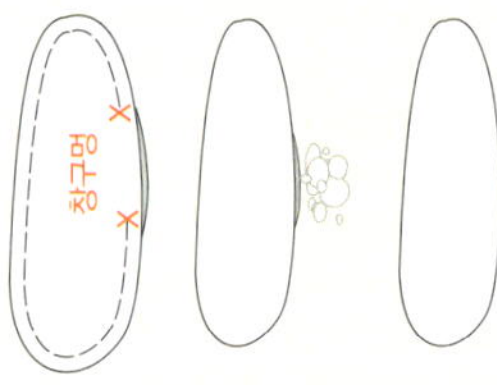

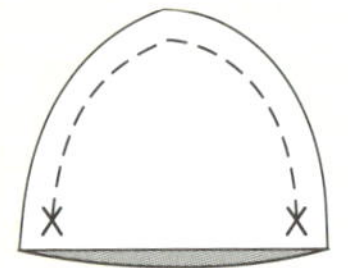

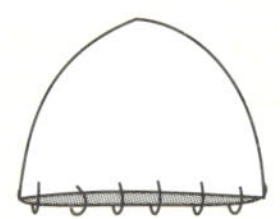

창구멍

2 팔 만들기 : 팔 부분 원단 2장을 겉끼리 마주 댄 뒤 창구
멍을 남기고 박음질한다. 창구멍으로 뒤집어 솜을 채우
고 창구멍은 공그르기로 마무리한다.

3 귀 만들기 : 귀 부분 원단 2장을 겉끼리 마주 댄 뒤 창구
멍을 남기고 박음질한다. 창구멍으로 뒤집어 솜을 채우
고 창구멍은 공그르기로 마무리한다.

창구멍

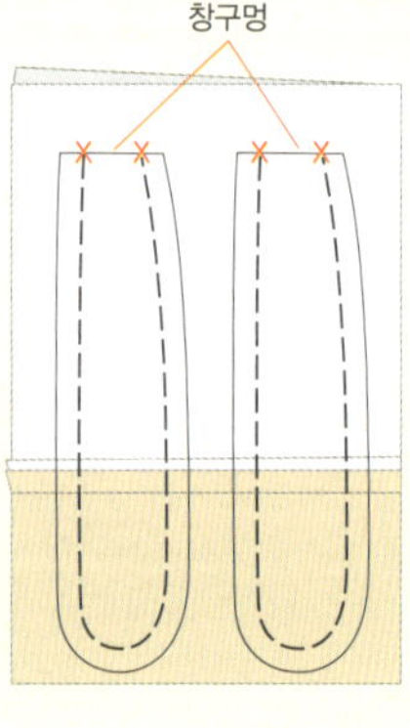

4 다리 만들기 : 다리는 줄무늬
내복과 베이지색 티셔츠를
각각 1장씩 겉끼리 마주 댄
뒤 박음질해 연결한다. 그 위
에 다리 모양 도안을 그린 뒤
시접 0.5cm를 남기고 재단한
다. 재단한 다리 2장을 겉끼
리 마주 댄 뒤 창구멍을 남기
고 박음질한다. 창구멍으로
뒤집어 솜을 채운다.

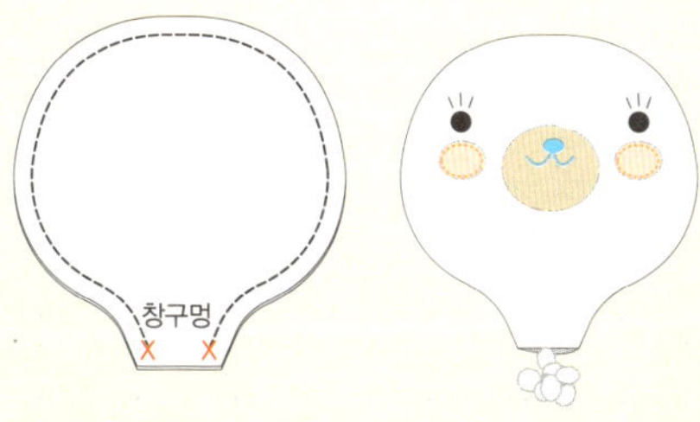

5 얼굴 만들기 : 얼굴 부분 원단 2장을 겉끼리 마주 댄 뒤 창구멍을 남기고 박음질한다. 창구멍으로 뒤집어 솜을 채운 다음 코를 바느질해 붙인다.(코 만들기는 p.117 '검은 고양이 하루씨' 만들기 그림 참고)

6 얼굴에 귀 달기 : 만들어놓은 귀를 얼굴 뒤쪽에서 감침질 또는 공그르기로 고정시킨다.

7 얼굴 꾸미기 : 단추를 달아 눈을 만들고 눈썹은 스티치해 만든다. 분홍색 펠트를 동그랗게 잘라 양 볼에 바느질해 붙인다. 코 부분에는 하늘색실로 스티치해 코를 완성한다.

8 몸통에 팔과 다리, 얼굴 연결하기 : 몸통은 티셔츠의 칼라 달린 목 부분과 단추가 달린 앞부분을 그대로 잘라 인형의 몸통으로 사용한다. 몸통이 될 티셔츠 사이에 양쪽 다리를 끼워 넣고 반박음질로 연결한다.(p.117 '검은 고양이 하루씨' 만들기 그림 참고) 몸 부분에 솜을 채우고 위쪽에는 얼굴을 끼워 넣어 감침질 또는 공그르기로 연결한다. 만들어놓은 팔은 몸통 양쪽에 자리 잡아 감침질 또는 공그르기로 연결한다.

같은 방법으로 만들어요

수면바지로 만든 키다리 곰곰이

수면바지 다리 1쪽, 아이보리색 원단 90×70cm, 단추 1쌍, 솜 700g, 실(흰색, 분홍색)

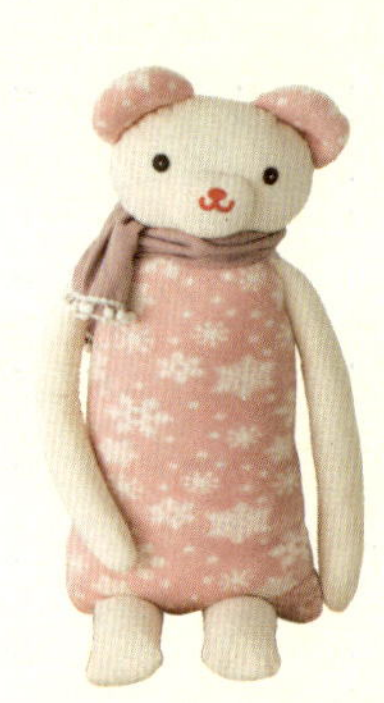

1 몸통 재단하기 : 수면바지의 다리를 이용해 만든다. 바지 아랫부분이 인형의 목 부분이 된다.
2 팔, 다리 만들기 : 팔과 다리는 p.117 '검은 고양이 하루씨'의 기본 팔, 다리 만들기를 참고해 만든다.
3 귀, 코, 얼굴 만들기 : 귀, 코, 얼굴은 p.109 '키다리 아저씨 곰곰이'와 같은 방법으로 만든다.
4 몸통에 다리 연결하기 : 재단해놓은 몸통(넓은 부분)에 다리를 끼워 박음질하고 뒤집는다. 얼굴을 연결할 위쪽은 오픈해놓는다.
5 솜 채우기 : 몸통에 솜을 가득 채우고 윗부분은 큰 땀으로 홈질한 뒤 실을 당겨 오므려 풀리지 않게 묶는다.
6 얼굴 연결하기 : 만들어놓은 얼굴을 몸통에 공그르기로 연결한다.
7 팔 연결하기 : 만들어놓은 팔을 몸통 양쪽에 공그르기로 연결해 인형을 완성한다.

실물의 50% 도안입니다.

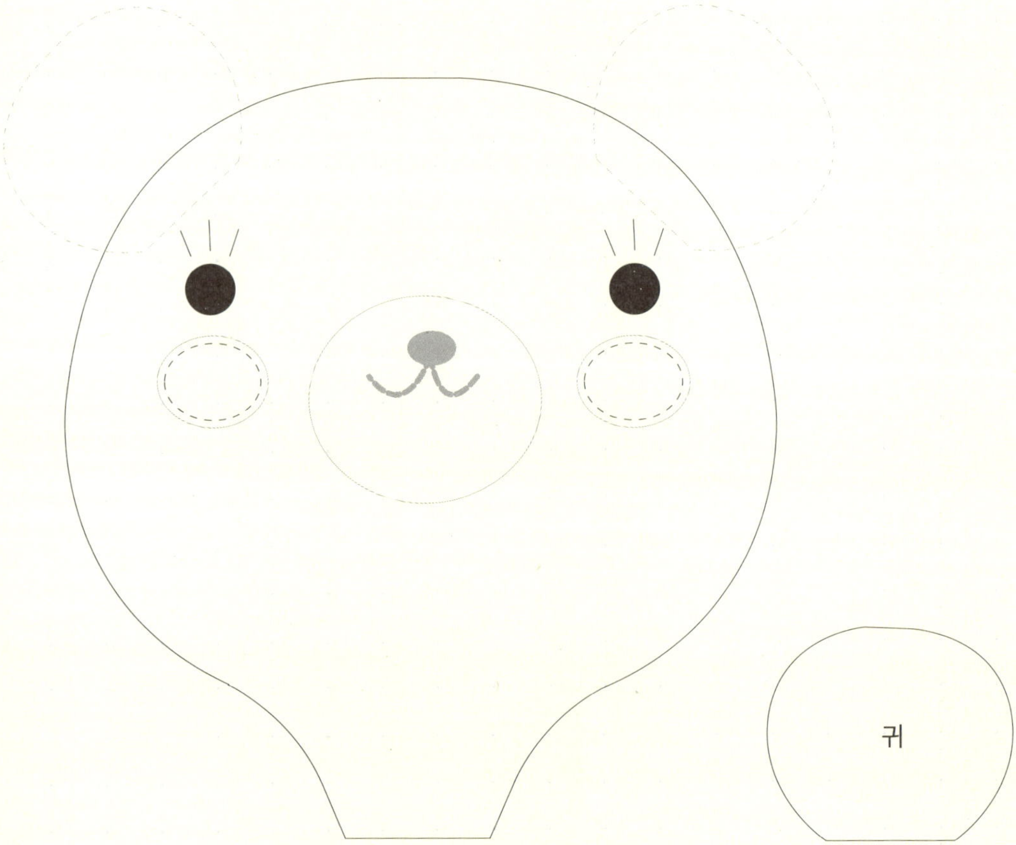

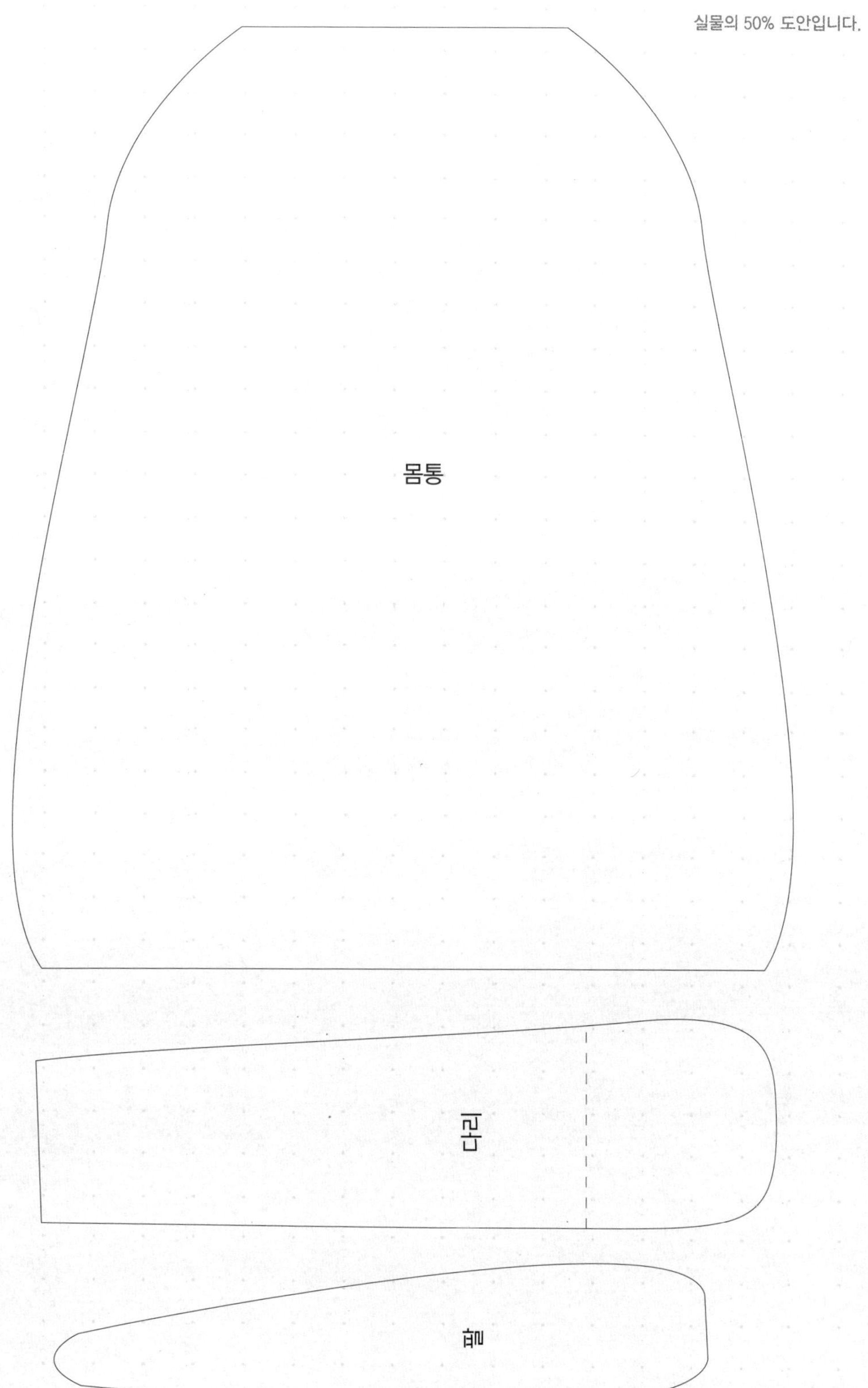
몸통
다리
팔

강아지 쥬쥬군과 초록 부엉이 도도양_p45

쥬쥬군 : 초록색 니트 1벌 22×20cm, 아이보리색 니트 30×40cm, 꽃무늬 자투리 원단 조금, 솜 100g, 실(흰색, 초록색, 검정색, 빨간색, 노란색)

도도양 : 초록색 니트 1벌(아랫단 있는 쪽) 30×40cm, 아이보리색 자투리 원단 또는 펠트 조금, 주황색 펠트 조금, 단추 또는 구슬 눈 1쌍, 실(초록색, 검정색, 빨간색)

인형 사이즈는 쥬쥬군 15×20cm, 도도양 12×19cm입니다.
가지고 있는 리폼 재료에 맞추어 사이즈를 조정하세요.

강아지 쥬쥬군

1 재단하기 : 초록색 니트로는 몸통과 귀를, 아이보리색 니트로는 얼굴과 팔을 만든다. 두 가지 니트 모두 반으로 접어 각 부분의 도안을 따라 그림과 같이 그린다. 시접 0.5cm의 여유를 둔다. 팔 만들기는 p.117 '검은 고양이 하루씨'의 기본 팔 만들기를 참고한다.

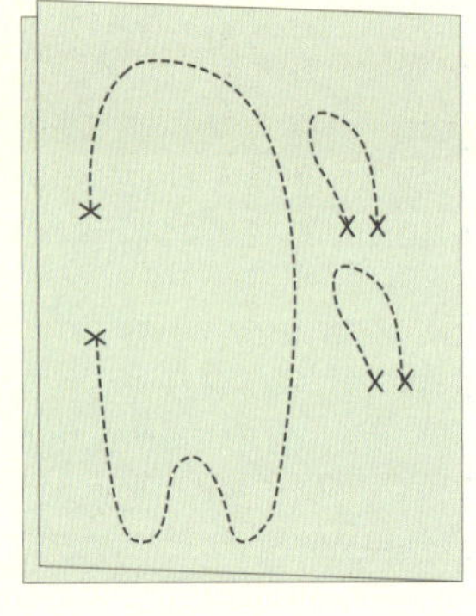

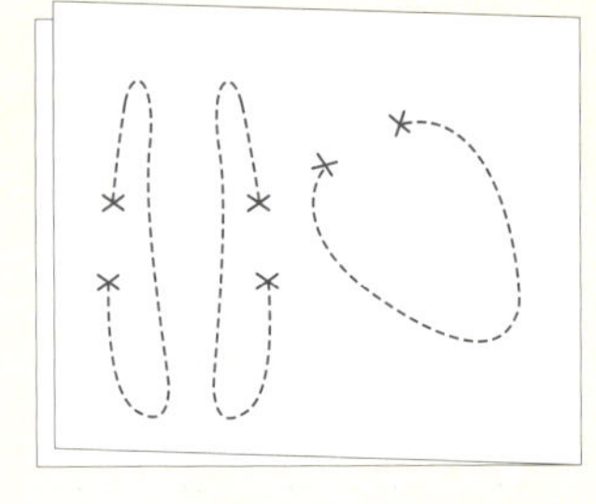

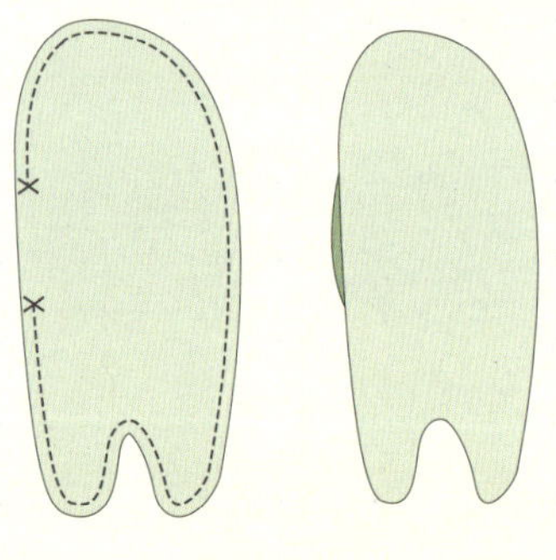

2 박음질하기 : 도안의 본선을 따라 창구멍을 남기고 각각 박음질한다.

3 솜 채우고 창구멍 막기 : 시접을 0.5cm 남기고 정리한 다음 창구멍으로 뒤집어 얼굴, 몸통, 팔, 다리, 귀에 솜을 채운다. 얼굴을 제외한 나머지 부분의 창구멍은 공그르기로 마무리한다.

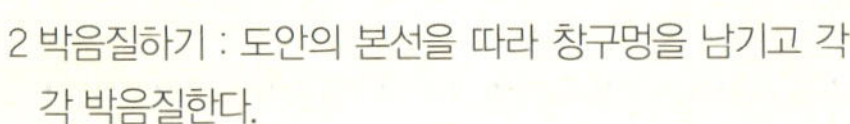

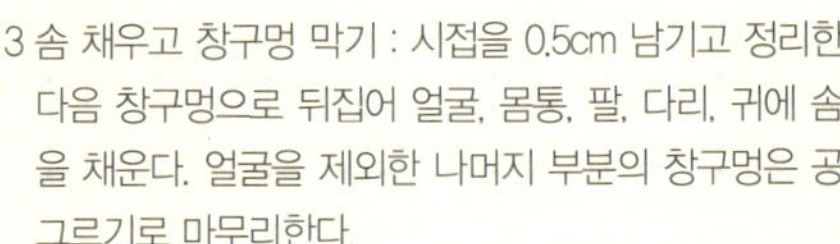

4 얼굴 꾸미기 : 얼굴에 색실로 촘촘하게 바느질해 눈과 코를 만든다. 창구멍을 공그르기로 마무리하고 귀는 뒤쪽에서 감침질해 달아준다.

5 몸통에 얼굴, 팔 연결하기 : 만들어놓은 얼굴을 몸통 윗부분에 대고 공그르기로 연결한다. 팔도 몸통 양쪽에 공그르기로 연결한다.

6 멋 부리기 : 자투리 원단으로 목도리를 만들어 두르고 몸통 앞부분에 노란색실로 듬성듬성 스티치해 주머니를 달아 완성한다.

부엉이 도도양

니트 아래쪽에 프릴 장식이 달려 있는 옷이 있다면 '도도양'을 만들 때 활용해보세요.
아랫단을 살려 만들면 사랑스러운 숙녀 부엉이가 완성된답니다!

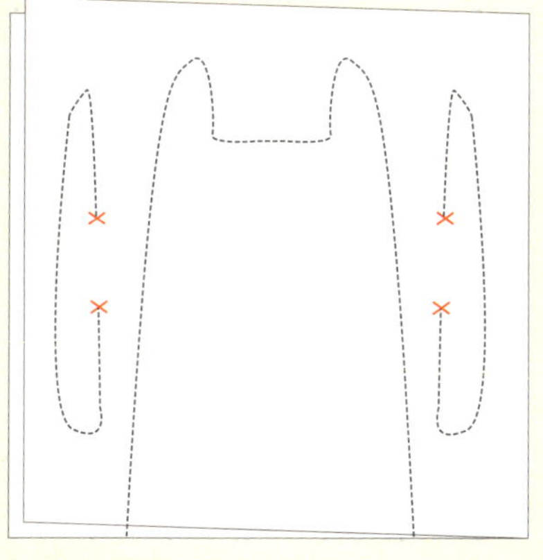

1 재단하기 : 초록색 니트를 겉끼리 마주 대고 반으로 접어
몸통과 팔을 그린다. 니트의 아랫단이 부엉이 몸통의 아
래쪽이 되도록 하고 시접 2cm의 여유를 둔다.

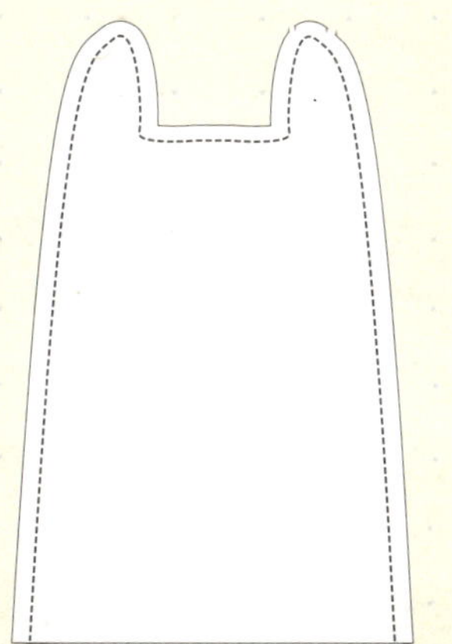

2 몸통 박음질하기 : 몸통 아랫단을 제외한 나머지를 도안
의 본선을 따라 박음질한 뒤 시접 0.5cm를 남기고 정리
한다.

3 팔 만들기 : 팔은 p.117 '검은 고양이 하루씨'와 같은 방법
으로 만든다.

4 솜 채우고 얼굴 꾸미기 : 아랫단으로 뒤집어 솜을 채우
고 얼굴에는 스티치 또는 구슬 눈으로 눈을 만든다. 부
리와 볼에는 각각 주황색과 아이보리색 펠트를 감침질
과 홈질로 붙인다. 프릴이 달린 아랫단은 1cm를 남기고
촘촘하게 홈질한다.
★펠트가 없으면 자투리 원단을 활용하세요. 스티치의 바늘땀
이 보이도록 색실을 사용하면 장식적인 효과가 있지요.

5 몸통에 팔 연결하기 : 몸통 양쪽에 만들어놓은 팔을 공
그르기로 연결해 완성한다.

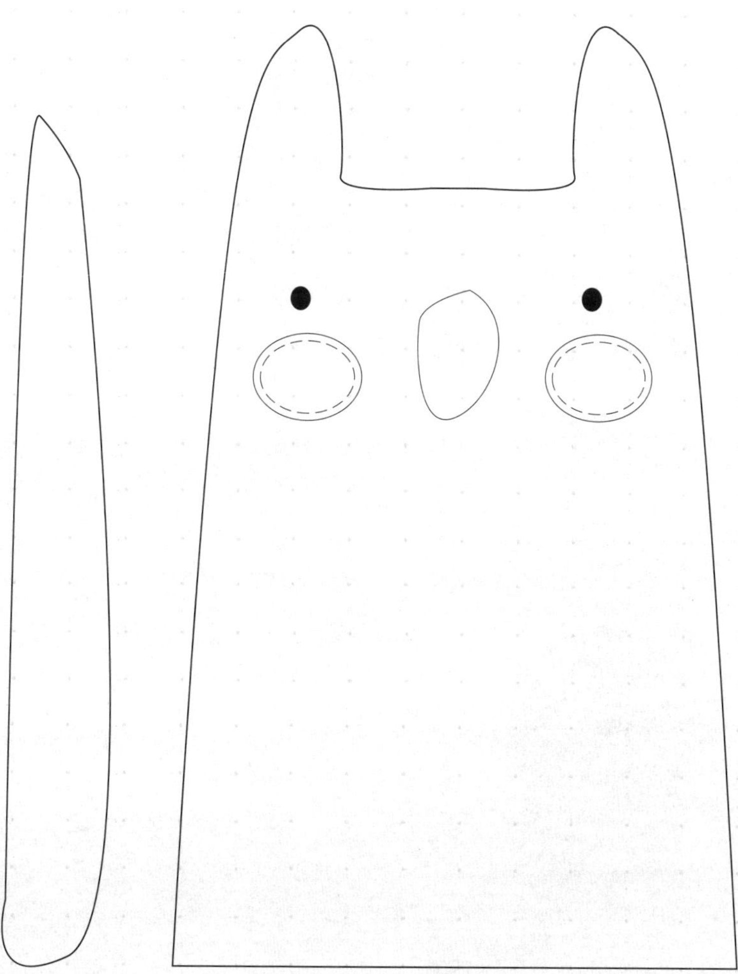

양말 인형 쿠키맨_p48

양말 1쪽, 단추 2개, 리본 조금, 솜 70g, 실(흰색, 노란색)

인형 사이즈는 15×20cm입니다. 가지고 있는 리폼 재료에 맞추어 사이즈를 조정하세요.

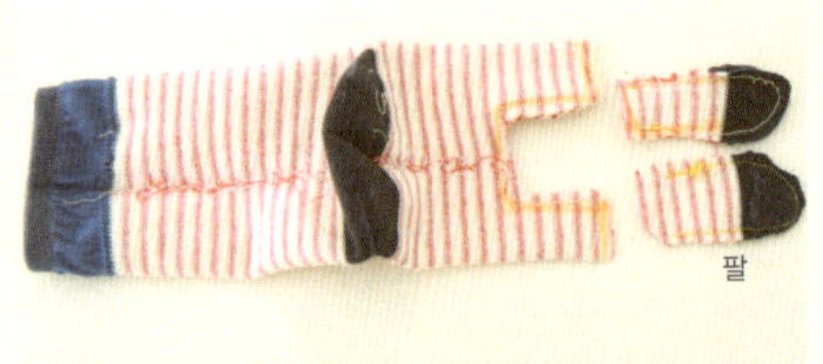
팔

1 재단하기 : 양말을 뒤집어 사진과 같은 모양으로 재단한다. 이때 시접 0.5cm를 남긴다. 양말의 앞쪽(발가락쪽)은 귀 모양으로 자르고 잘라낸 부분으로는 팔을 만든다.

2 몸통 박음질하기 : 양말의 발목 부분을 창구멍으로 남기고 사방을 박음질한 뒤 시접을 남기고 정리한다.

3 팔 만들기 : 팔은 p.117 '검은 고양이 하루씨'와 같은 방법으로 만든다.

4 솜 채우기 : 창구멍으로 뒤집어 솜을 가득 채운다.

5 얼굴 꾸미기 : 단추를 달아 눈을 만들고 색실로 눈썹과 입을 스티치한다. 단추를 달 때는 X자로 바느질한다.

6 창구멍 막기 : 오픈되어 있던 양말의 발목 부분을 공그르기로 마무리한다.

7 몸통에 팔 연결하기 : 만들어놓은 팔을 몸통 양쪽에 공그르기로 연결한다.

8 멋 부리기 : 목에 리본을 묶어주면 바느질 선도 안 보이고 예쁘게 꾸밀 수 있다.

빨간 목도리의 검은 고양이 하루씨 _p50

줄무늬 티셔츠 50×30cm, 검정색 티셔츠 또는 자투리 원단 60x50cm, 빨간색 리본 또는 자투리 원단 조금, 솜 500g, 실(흰색, 검정색)

인형 사이즈는 20×60cm입니다. 가지고 있는 리폼 재료에 맞추어 사이즈를 조정하세요.

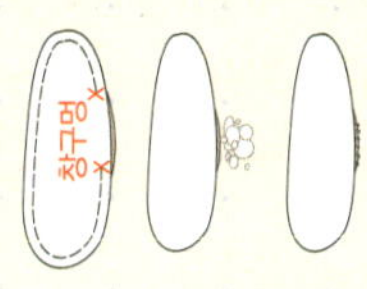 

1 팔 만들기(기본 팔 만들기 방법) : 검정색 원단 2장을 겉끼리 마주 댄 뒤 팔 도안을 따라 그려 시접 0.5cm를 남기고 재단한다. 창구멍을 남기고 박음질한 다음 창구멍으로 뒤집어 솜을 넣는다. 창구멍은 공그르기로 마무리한다. 같은 방법으로 양쪽 팔 모두 만들어놓는다.

2 다리 만들기(기본 다리 만들기 방법) : 검정색 원단 2장을 겉끼리 마주 댄 뒤 다리 도안을 따라 그려 시접 0.5cm를 남기고 재단한다. 창구멍을 남기고 박음질한 다음 창구멍으로 뒤집어 솜을 넣는다. 창구멍은 공그르기로 마무리한다. 같은 방법으로 양쪽 다리 모두 만들어놓는다.

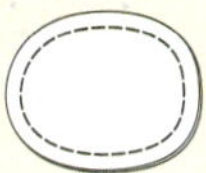  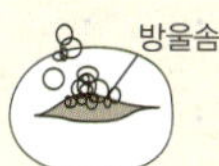 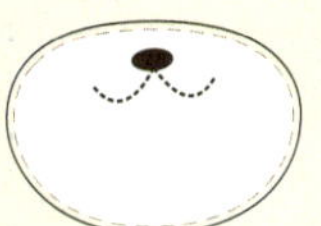

3 코 만들기(기본 코 만들기 방법) : 검정색 원단 2장을 겉끼리 마주 댄 뒤 코 도안을 따라 그린다. 시접 0.5cm의 여유를 두고 본선을 따라 박음질한다. 한쪽 원단에 가위집을 내어 뒤집은 뒤 솜을 넣는다. 솜을 넣은 구멍은 감침질한다. 흰색실로 촘촘하게 채워 가며 바느질해 코를 만들고 입은 박음질한다.

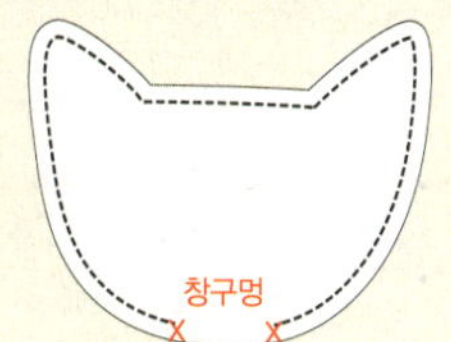 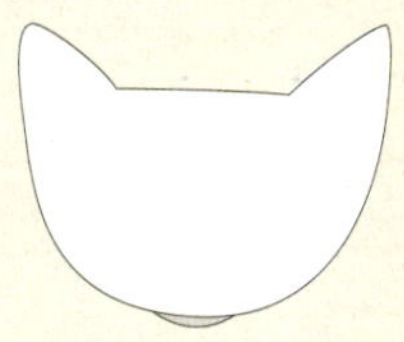   

4 얼굴 만들기 : 검정색 원단 2장을 겉끼리 마주 댄 뒤 얼굴 도안을 따라 그려 시접 0.5cm를 남기고 재단한다. 창구멍을 남기고 박음질한 다음 창구멍으로 뒤집어 솜을 넣는다. 눈과 수염을 흰색실로 스티치하고 만들어놓은 코를 공그르기로 연결한다. 얼굴의 창구멍은 공그르기로 마무리한다.

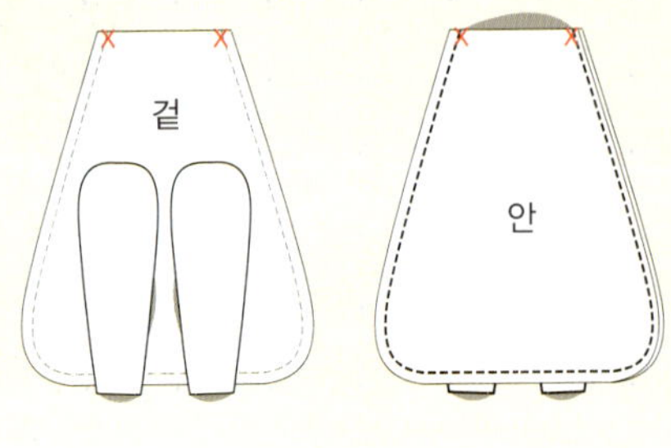

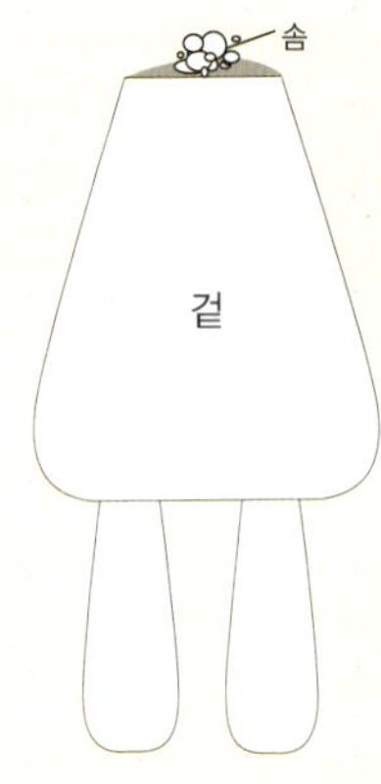

5 몸통 만들고 다리 연결하기 : 줄무늬 원단 2장을 겉끼리 마주 댄 뒤 몸통 도안을 따라 그려 시접 0.5cm를 남기고 재단한다. 만들어놓은 양쪽 다리를 그림과 같이 끼워 넣고 박음질해 몸통과 다리를 연결한다. 창구멍을 남기고 몸통 나머지 부분을 박음질한 뒤 창구멍으로 뒤집어 솜을 넣고 창구멍은 공그르기한다.

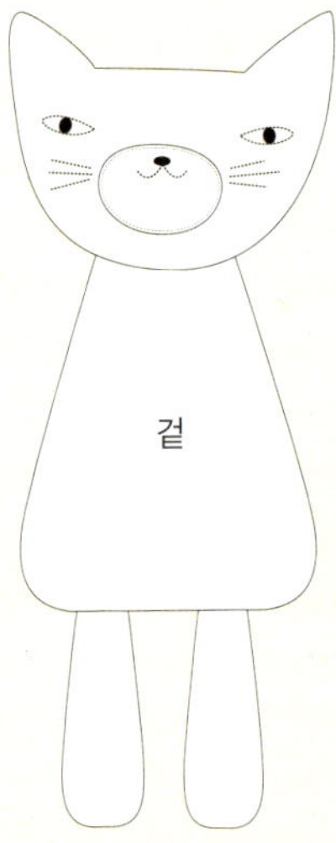

6 몸통에 얼굴 연결하기 : 몸통 윗부분에 얼굴을 대고 공그르기로 연결한다.

7 몸통에 팔 연결하기 : 몸통 양쪽에 팔을 대고 공그르기로 고정시킨다.

8 멋 부리기 : 목에 리본이나 자투리 원단을 둘러 장식한다.

 # 청바지를 입은 갱스터 냥이 _p52

낡은 청바지, 무늬가 있는 면 티셔츠 또는 자투리 원단 15×30cm, 흰색 · 빨간색 · 초록색 · 검정색 펠트 조금씩, 크기가 다른 단추 3개, 노란 털실이나 자투리 원단 또는 리본 조금, 솜 500g, 실 (흰색, 빨간색, 검정색)

인형 사이즈는 25×70cm입니다. 가지고 있는 리폼 재료에 맞추어 사이즈를 조정하세요.

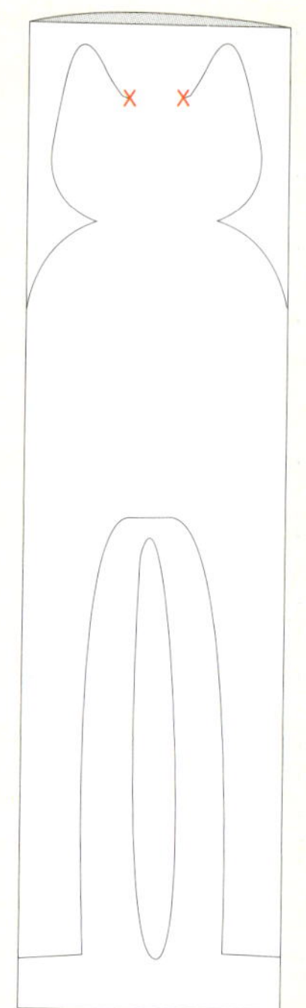 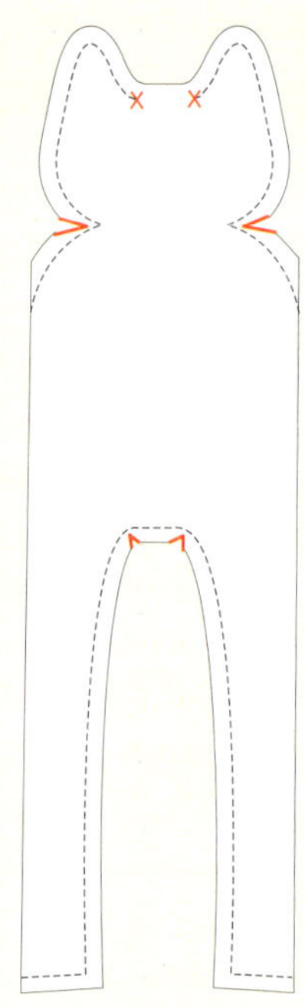 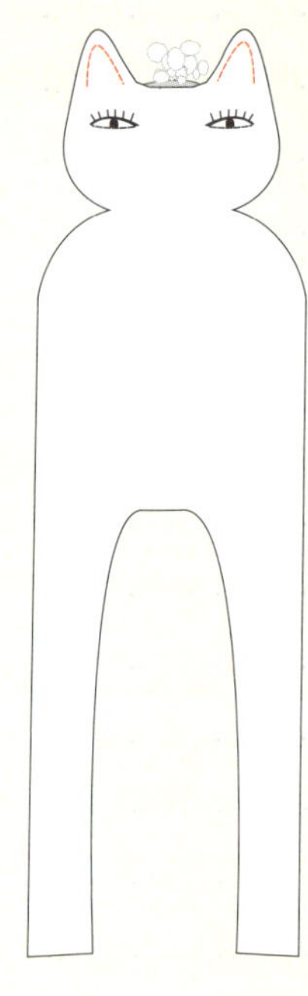

1 몸통 재단하기 : 청바지의 다리 한쪽을 준비한다. 바지를 뒤집어 그림과 같이 도안을 따라 그린다. 시접 1cm의 여유를 두고 재단한다.

2 박음질하고 솜 넣기 : 창구멍을 남기고 본선을 따라 박음질한 다음 귀와 목, 다리의 모서리에 가위집을 넣는다. 창구멍으로 뒤집어 솜을 넣는다.

3 코 만들기 : 흰색 펠트는 둥근 모양으로 자른다. 흰색 펠
   트 위에 코 모양으로 자른 초록색 펠트를 올리고 감침질
   로 고정시킨다. 코 옆에는 프렌치너트스티치로 주근깨
   를 만들어 넣는다.

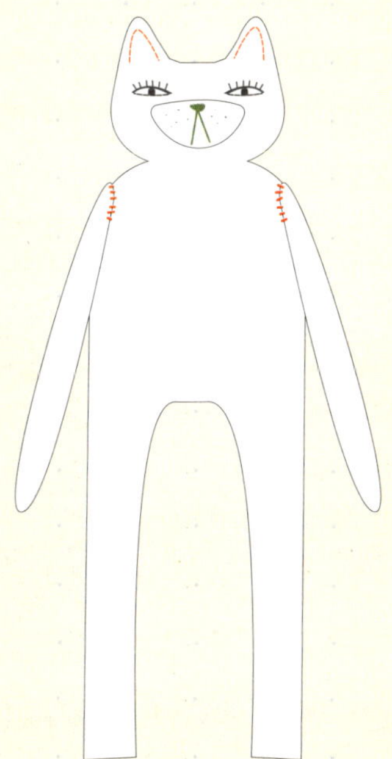

4 팔 만들기 : 팔은 남은 청바지 원단과 무늬 있는 면 원
   단을 각각 1장씩 사용해 만든다. 만드는 법은 p.117 '검은
   고양이 하루씨'의 팔 도안과 만들기를 참고한다.

5 얼굴 꾸미기 : 솜을 넣은 몸통에 만들어놓은 코를 올려
   자리 잡고 감침질로 붙인다. 코 위쪽에 눈 모양으로 자
   른 검정색 펠트를 올려 검정색실로 감침질한다. 눈 아랫
   부분과 속눈썹은 검정색실로 박음질한다. 귀는 빨간색
   실로 반박음질해 모양을 낸다.

6 창구멍 막고 팔 연결하기 : 몸통 창구멍을 공그르기로
   마무리하고 만들어놓은 팔 윗부분을 몸통 양쪽에 그림
   과 같이 감침질 또는 공그르기로 연결한다.

7 멋 부리기 : 빨간색 펠트 조각이나 자투리 원단 등을 잘
   라 몸통 앞부분에 스티치로 붙이고 각각 다른 크기의 단
   추를 달아 꾸민다. 털실로 만든 목도리나 리본, 자투리
   원단 등을 목에 감아 장식한다.

아이보리색 타월 1장, 빨간색 · 연두색 자투리 원단 조금씩, 무늬 있는 노란색 · 남색 자투리 원단 30×20cm 2장씩, 솜 300g, 실(흰색, 검정색)

인형 사이즈는 25×30cm입니다. 가지고 있는 리폼 재료에 맞추어 사이즈를 조정하세요.

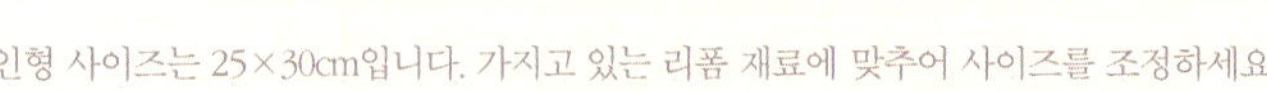

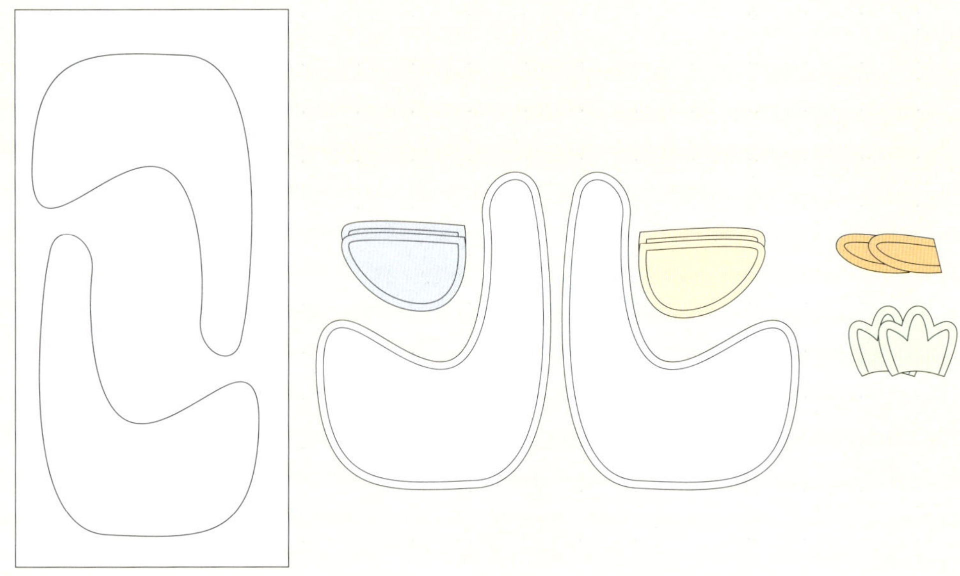

1 재단하기 : 타월, 자투리 원단들을 각각 2장씩 짝지어 겉끼리 마주 대고 몸통, 부리, 왕관, 날개의 도안을 따라 그린다. 시접 0.5cm를 남기고 재단한다.

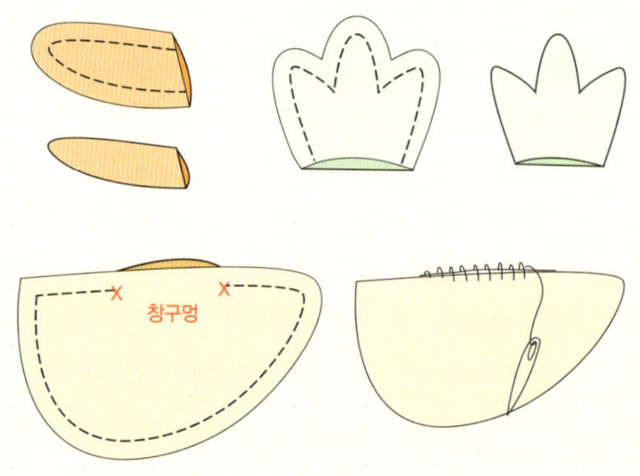

2 부리, 왕관, 날개 만들기 : 몸통을 제외한 각 부분의 재단한 원단을 겉끼리 마주 댄 뒤 창구멍을 남기고 본선을 따라 박음질한다. 각각 창구멍으로 뒤집어 솜을 넣고 창구멍은 공그르기로 마무리한다. 모두 같은 방법으로 만들어 부리, 왕관, 날개를 완성한다.

3 몸통에 부리와 왕관 연결하기 : 몸통 원단 2장의 겉면에 각각 그림과 같이 검정색 실로 촘촘하게 바느질해 눈을 만든다. 몸통 원단을 겉끼리 마주 대고 원단 사이에 만들어놓은 부리와 왕관을 그림과 같이 끼워 넣는다. 창구멍을 남기고 박음질 한다.

4 몸통에 날개 연결하기 : 창구멍으로 뒤집어 몸통에 솜을 채운 다음 만들어놓은 날개를 양쪽에 연결한다. 이때 그림과 같이 날개 윗부분만 반박음질 또는 공그르기로 연결한다.

5 창구멍 막기 : 창구멍을 공그르기로 마무리한다.

원두자루 만든 꼬꼬군

원두자루 50×80cm, 주황색 자투리 원단 또는 펠트 조금, 노란색 자투리 원단 조금, 연두색 펠트 25× 30cm 2장, 검정색 펠트 조금, 리본 조금, 솜 300g, 실(베이지색, 주황색)

만드는 방법은 p.122 '꼬꼬양'과 같아요. 단, 원두자루는 올이 잘 풀리니 시접을 2cm 남기고 재단하세요. 눈은 펠트로 잘라 바느질해 붙여도 되고 꼬꼬양처럼 바느질해 만들어도 좋아요. 날개는 펠트 1겹으로 간단하게 만들어요. 펠트를 날개 모양대로 잘라 테두리에 스티치 장식을 하고 꼬꼬양과 마찬가지로 날개 윗부분만 반박음질 또는 공그르기로 연결하면 됩니다.

실물의 70% 도안입니다.

랄랄라~ 우리는 삼형제 _p56

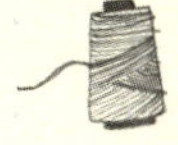

동물인형 1개를 기준으로 소개할게요.
타월 1장, 코를 만들 흰색 타월 또는 자투리 원단 조금, 귀를 꾸밀 자투리 원단 조금, 스카프를
만들 자투리 원단 50×40cm, 솜 100g, 색실

인형 사이즈는 15×30cm입니다. 가지고 있는 리폼 재료에 맞추어 사이즈를 조정하세요.

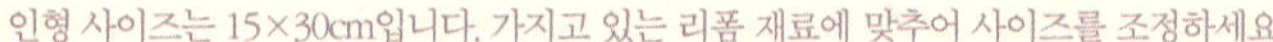

타월로 곰, 토끼, 돼지 인형을 만들어볼 거예요. 만드는 방법은 모두 같아요. 곰과 돼지는 귀와 코를 따로 붙이는 부분까지
모두 똑같고, 토끼는 귀를 몸과 연결해 재단하고 코는 따로 붙이지 않는다는 것만 달라요. 원하는 동물의 도안을 골라 만들
어보세요.

1 몸통 재단하기 : 타월을 반 잘라 겉끼리
마주 대고 몸통과 귀 모양의 도안을 따
라 그린 다음 시접 1cm를 남기고 재단
한다.

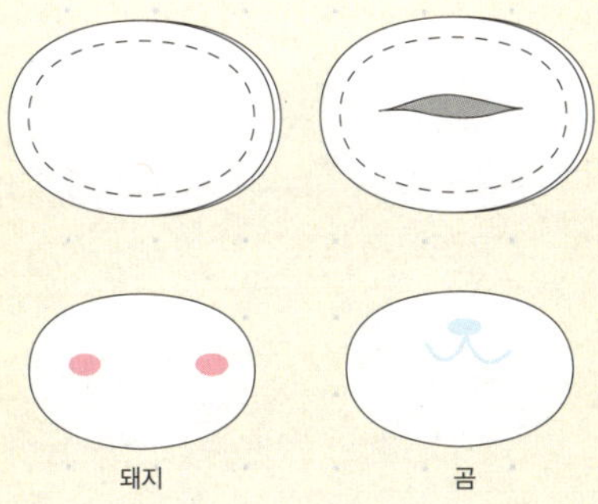

돼지　　　　곰

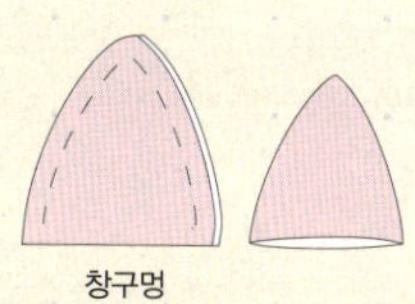

창구멍

2 코 만들기 : 흰색 타월 또는 자투리 원단 2장을 겉끼리
마주 댄 뒤 코 모양으로 박음질한다. 시접 0.5cm를 남기
고 자른다. 한쪽 면에 가위로 창구멍을 내 뒤집고 색실
로 바느질해 코와 입 등을 만든다. 창구멍으로 솜을 넣
고 감침질해 마무리한다.

3 귀 만들기 : 몸통을 만들고 남은 타월과 자투리 원단을
겉끼리 마주 댄 뒤 창구멍을 남기고 박음질한다. 창구멍
으로 뒤집은 다음 솜을 넣거나 그냥 그대로 창구멍을 공
그르기해 마무리한다.

4 몸통에 얼굴 꾸미기 : 몸통 원단 1장의 겉면에 색실로 프렌치너트스티치해 눈을 만든다. 토끼는 입도 빨간색으로 스티치한다. 곰과 돼지는 만들어놓은 코를 공그르기로 붙인다.

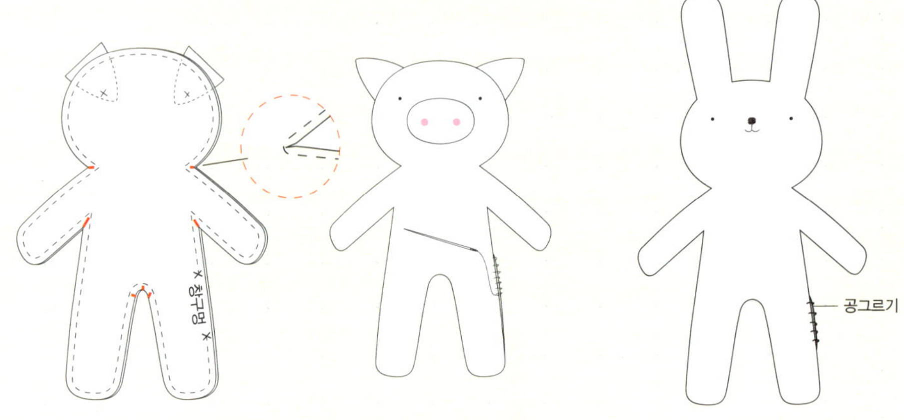

5 몸통 만들기 : 몸통 원단 2장을 겉끼리 마주 댄 뒤 창구멍을 남기고 박음질한다. 이때 곰과 돼지는 만들어놓은 귀를 끼워 넣고 함께 박음질한다. 시접은 0.5cm만 남기고 정리한 뒤 시접 부분에 가위집을 넣고 창구멍으로 뒤집는다. 솜을 넣고 창구멍은 공그르기로 마무리한다.

6 멋 부리기 : 자투리 원단을 삼각형으로 잘라 사방의 시접을 뒤쪽으로 접어 넣고 색실로 박음질해 스카프를 만든 다음 목에 둘러 장식한다.

코
몸통
귀

비 오는 날! 구름 모빌과 목 쿠션 _p64

모빌 : 아이보리색 니트티셔츠 소매 24×14cm 2장, 회색·주황색·파란색 펠트 조금씩, 끈 50cm, 솜 70g, 실(흰색, 베이지색)

목 쿠션 : 아이보리색 니트티셔츠 몸통 40×70cm, 회색 펠트 또는 자투리 원단 조금, 솜 200g, 실(흰색, 베이지색)

소품 사이즈는 모빌 22×11cm(구름 부분만), 목 쿠션 37×32cm입니다. 가지고 있는 리폼 재료에 맞추어 사이즈를 조정하세요.

구름 모빌

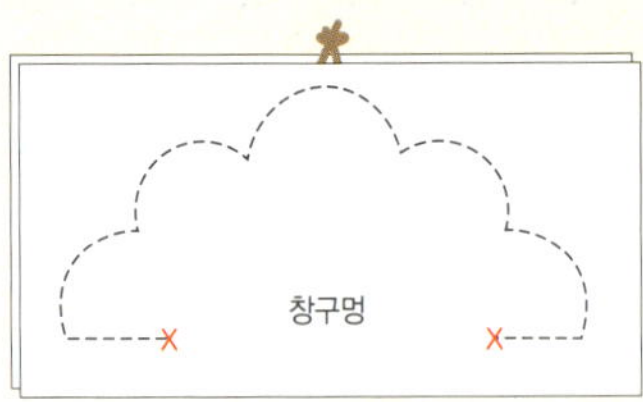

1 구름 재단하기 : 니트의 소매를 활용한다. 소매 양쪽의 봉재선을 가위로 잘라 각각 넓게 펼친 다음 2장의 소매를 겉끼리 마주 대고 구름 도안을 그린다.

2 박음질하기 : 준비한 끈을 짧게 잘라 그림과 같이 고리를 만들어 윗부분에 끼워 넣는다. 구름 아래쪽에 창구멍을 남기고 박음질한다. 시접 0.5cm를 남기고 정리한 뒤 모서리에 가위집을 낸다.

3 솜 채우기 : 창구멍으로 뒤집어 솜을 넣고 창구멍은 공그르기한다. 이때 빗방울을 매달 끈 3개를 서로 간격을 띄워가며 함께 공그르기한다.

4 구름 꾸미기 : 구름 테두리의 0.5cm 안쪽에서 색실로 테두리를 따라 홈질해 스티치 장식을 한다.

5 빗방울 만들기 : 3가지색 펠트에 물방울 모양을 각각 2장씩 그려 오린다. 같은 색 펠트를 2장씩 포개어 각각 버튼홀스티치하다가 공간을 조금 남기고 솜을 넣는다. 구름에서 내려온 끈을 물방울에 각각 끼워 넣고 버튼홀스티치를 마무리한다.

★구름과 물방울에 끈을 끼울 때는 끈이 빠지지 않도록 양쪽 끝에 매듭을 지어두는 것이 좋아요.

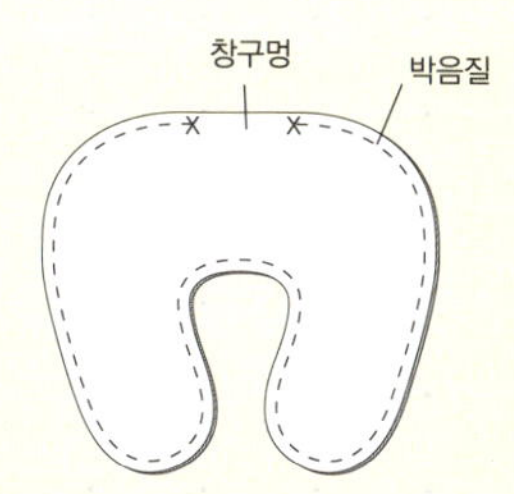

1 재단하기 : 니트의 몸통 부분을 활용한다. 니트의 몸통을
  뒤집어 목 쿠션의 도안을 그린다.

2 박음질하기 : 창구멍을 남기고 본선을 따라 박음질한다.

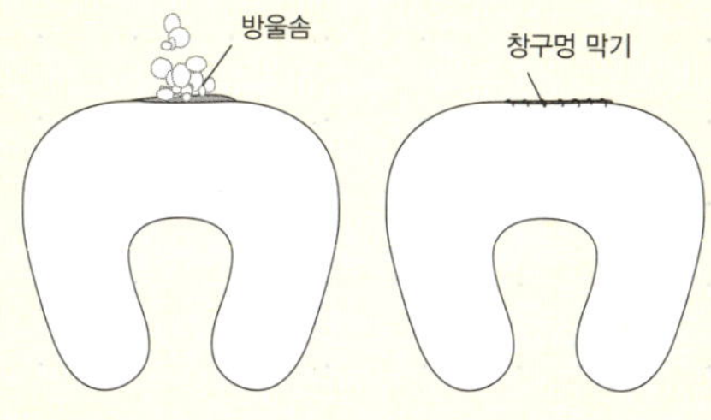

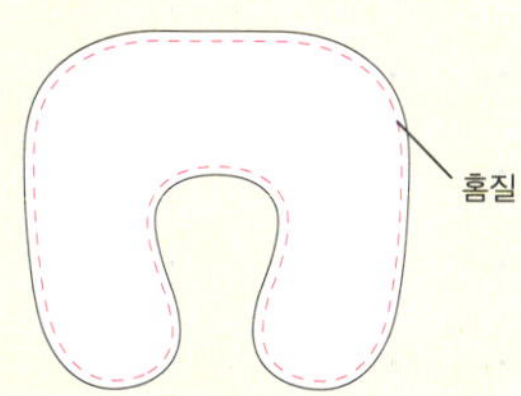

3 솜 채우기 : 시접 0.5cm를 남기고 정리한 뒤 창구멍으로
  뒤집어 솜을 넣는다. 창구멍은 공그르기한다

4 꾸미기 : 쿠션 테두리의 0.5cm 안쪽에서 색실로 테두리
  를 따라 홈질해 스티치 장식을 한다. 펠트 또는 지투리
  원단을 구름 모양으로 잘라 목 쿠션 겉면에 공그르기로
  붙인다.

실물의 70% 도안입니다.

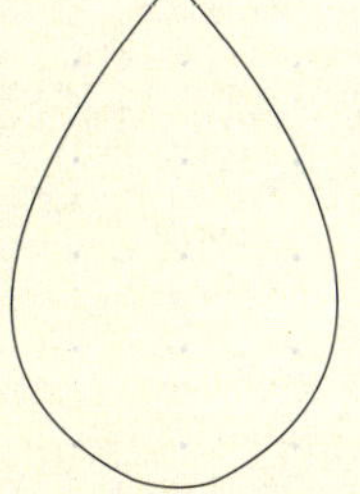

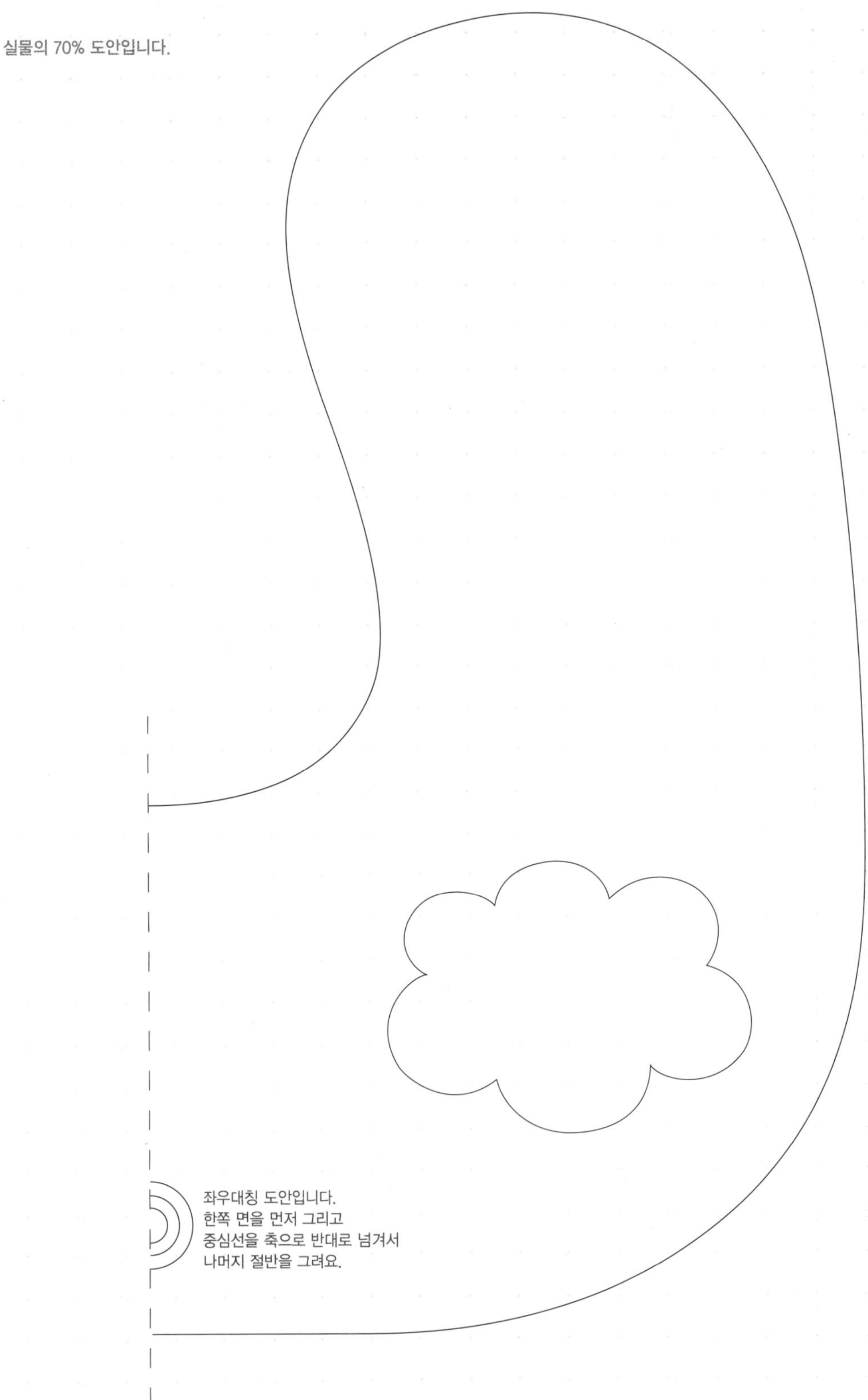

좌우대칭 도안입니다.
한쪽 면을 먼저 그리고
중심선을 축으로 반대로 넘겨서
나머지 절반을 그려요.

아, 눈부셔~ 창문에 살짝 걸어두는 미니 커튼 _p66

셔츠 1벌, 면 파이프 끈 90cm, 창문용 흡착판 1쌍, 실(흰색, 빨간색)

소품 사이즈는 54×45cm입니다. 가지고 있는 리폼 재료에 맞추어 사이즈를 조정하세요.

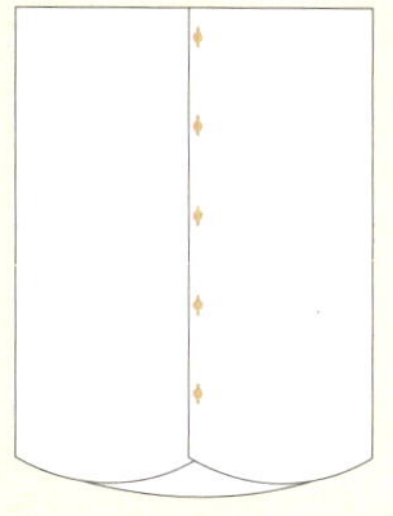

★셔츠 한 벌로 차량용 햇빛가리개를 만들어요. 단추 라인과 주머니까지 그대로 활용하면 편리해요.

1 재단하기 : 셔츠가 반듯한 사각형이 되도록 셔츠 양옆과 윗면을 자른다.

2 박음질하기 : 셔츠 앞판과 뒤판을 겉끼리 마주 대고 박음질한다. 윗면을 1cm 접은 다음 다시 4cm를 접어 내려 겉에서 빨간색실로 홈질한다. 접히는 부분의 단추는 떼어낸다.

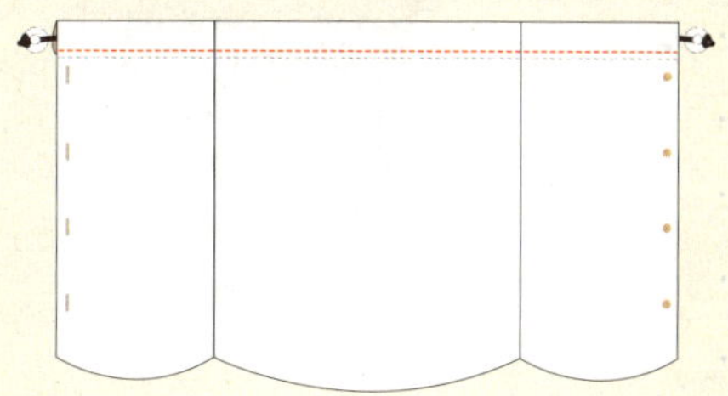

3 끈 연결하기 : 접어 박음질한 윗부분에 끈을 통과시키고 양쪽에 흡착판을 끼운다. 창문 너비에 맞게 끈 길이를 조절해 흡착판 양쪽으로 묶어 마무리한다.

★커튼에 아이가 좋아하는 모양의 아플리케 장식을 하거나 스티치로 모양내 꾸며보세요!

털실 자수로 멋 부린 부엉이 쿠션_p68

아이보리색 니트나 티셔츠 40×40cm 2장, 솜 400g, 실(흰색, 회색)

소품 사이즈는 35×35cm입니다. 가지고 있는 리폼 재료에 맞추어 사이즈를 조정하세요.

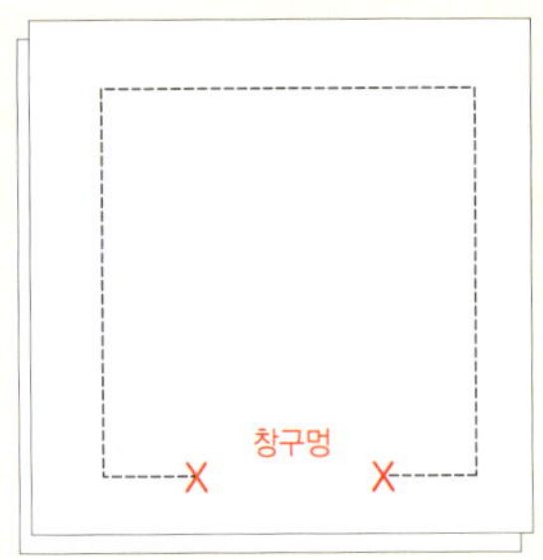

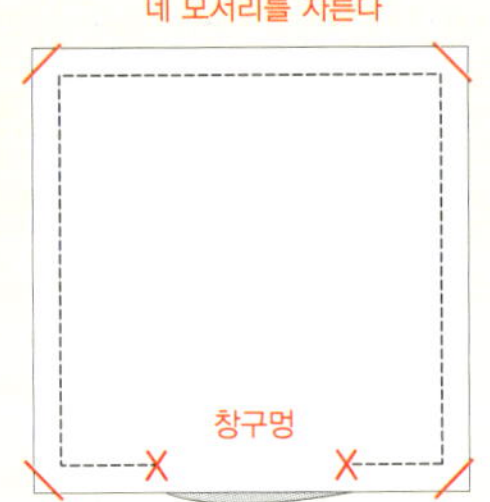

1 재단하기 : 니트의 앞판과 뒤판을 겉끼리 마주 대고 원하
는 사이즈대로 정사각형을 그린다. 니트는 가장자리의 올
이 풀리기 쉬우니 시접을 3cm 정도로 여유 있게 둔다.

2 박음질하기 : 본선을 따라 창구멍을 남기고 사방을 박음
질한다.

3 솜 채우기 : 창구멍으로 뒤집어 솜을 충분히 넣고 창구
멍은 공그르기로 마무리한다.

4 꾸미기 : 쿠션 겉면에 도안용 펜으로 원하는 그림을 그
린 다음 회색 실로 촘촘하게 홈질하거나 박음질한다.

같은 방법으로 만들어요

원두자루로 만든 사각 쿠션_p69

원두자루 45×45cm 2장, 솜 400g, 실(베이지색)

1 재단하기 : 원두자루 2장을 겉끼리 마주댄 뒤 원하는 사이즈대로 정사각형을 그린다.
원두자루는 가장자리의 올이 풀리기 쉬우니 시접을 3cm 정도로 여유 있게 둔다.

2 박음질하기 : 본선을 따라 창구멍을 남기고 사방을 박음질한다.

3 솜 채우기 : 창구멍으로 뒤집어 솜을 충분히 넣고 창구멍은 공그르기로 마무리한다.

★원두자루에 글씨가 찍혀 있다면 이 부분을 쿠션 앞면으로 활용해보세요. 다른 장식을 더하지
않아도 멋스러운 쿠션이 완성됩니다.

# 청바지 수납 바구니_p71

청바지 다리 1쪽 바지 폭 21×길이 35cm, 무늬 있는 안감용 원단 25×40cm 2장, 단추 1개, 펠트 조각이나 라벨, 옷핀 1개, 실(흰색, 빨간색)

소품 사이즈는 21×32cm입니다. 가지고 있는 리폼 재료에 맞추어 사이즈를 조정하세요.

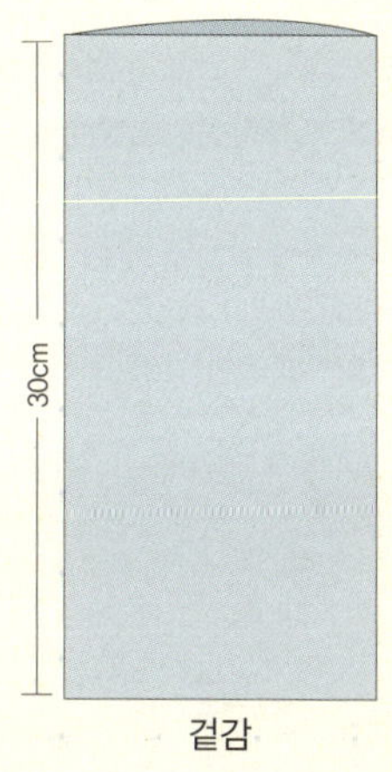

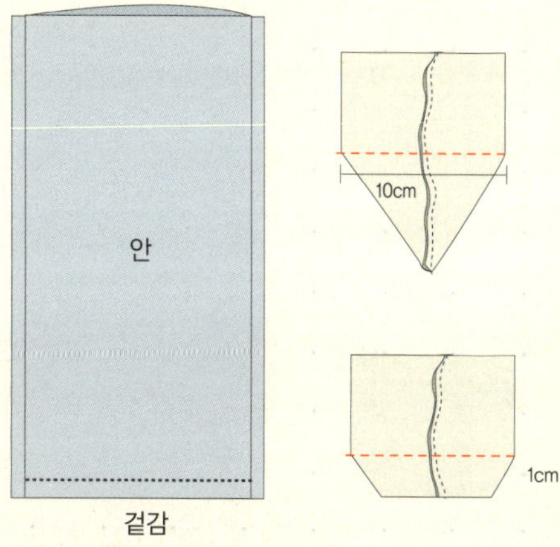

1 재단하기 : 청바지의 다리 한쪽을 30cm 길이로 자른다. 밑단 위쪽으로 청바지 중간 부분을 사용하도록 한다. 안감용 원단은 겉끼리 마주 대고 반으로 접은 다음 시접 0.5cm를 남기고 박음질선을 그린다.

2 겉감 박음질하기 : 청바지는 뒤집은 다음 가장자리에서 0.5cm 안쪽을 박음질한다. 밑면의 양쪽을 그림과 같이 10cm 길이로 박음질한 뒤 시접 1cm를 남기고 자른 다음 겉면이 밖으로 나오도록 뒤집는다.

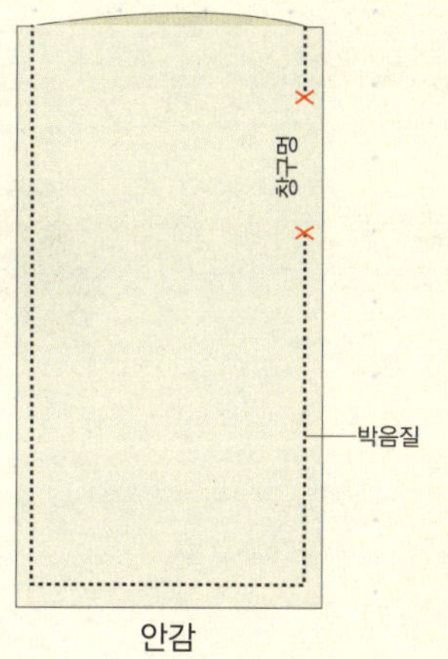

3 안감 박음질하기 : 안감용 원단에 그려놓은 박음질선을 따라 창구멍만 남기고 박음질한다.

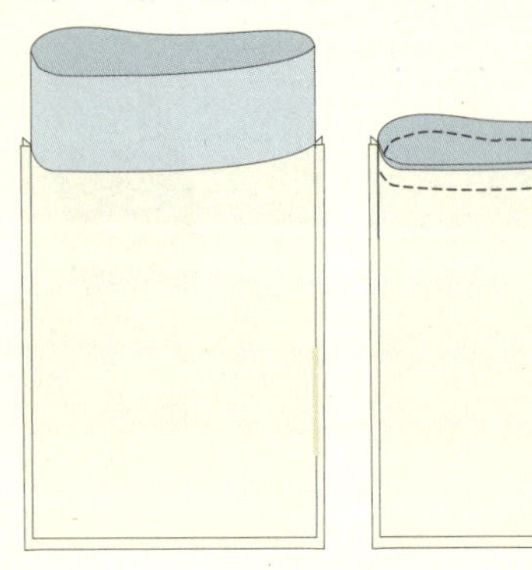
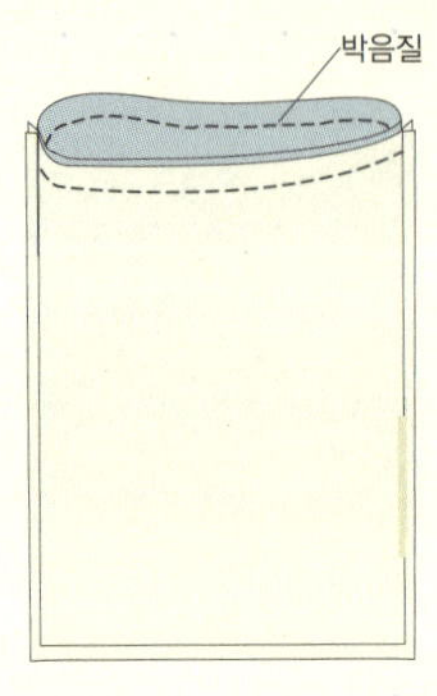

4 겉감과 안감 포개어 박음질하기 : 겉감(청바지) 박음질
　한 것을 안감(무늬 원단) 박음질한 것 속에 집어넣는다.
　시접 1cm를 남기고 그림과 같이 위쪽 둘레를 돌아가며
　박음질한다.

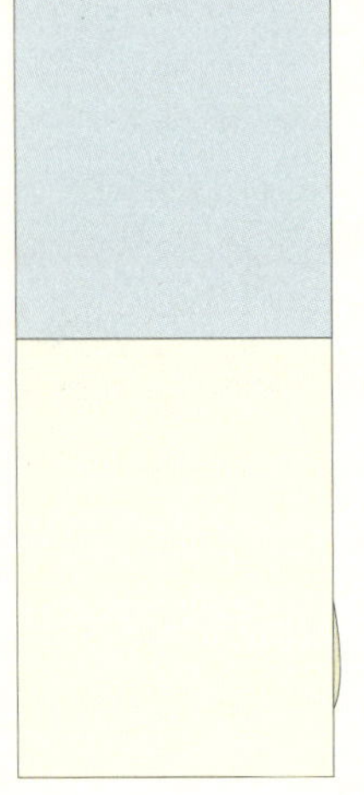
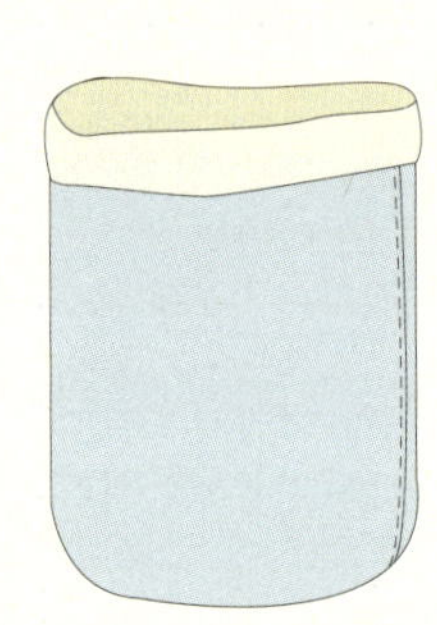

5 뒤집어 정리하기 : 안감에 남겨두었던 창구멍으로 뒤집
　은 다음 창구멍은 공그르기로 마무리한다. 안감을 겉감
　속으로 집어넣고 윗부분을 원하는 만큼 접어 내린다.

6 꾸미기 : 사진과 같이 단추와 라벨 등을 달아 마음껏 꾸
　민다. 책에 나온 소품은 옷핀으로 한쪽을 고정시켰다.

원두자루로 만든 수납 바구니 _p70

원두자루 60×100cm, 무늬 있는 안감용 원단(또는 이불커버) 60×120cm, 실(베이지색)

소품 사이즈는 50×45cm입니다. 가지고 있는 리폼 재료에 맞추어 사이즈를 조정하세요.

참고하세요!
만들기는 p.133 '청바지 수납 바구니'를 참고하세요. 겉감과 안감만 다를 뿐 만드는 방법이 똑같답니다.

혼자 잠자기 연습에 최고! 커다란 베개 쿠션 _p72

쿠션 1개를 기준으로 소개할게요.
베개커버 1장, 베개 솜 1개, 흰색 자투리 원단 55×75cm 2장, 살구색·진분홍색 또는 파란색 펠트
조금씩, 단추 1쌍, 리본 130cm, 실(흰색, 분홍색 또는 하늘색, 검정색)

소품은 50×70cm 베개커버와 베개 솜을 이용했습니다.
가지고 있는 재료에 맞추어 사이즈를 조정하세요.

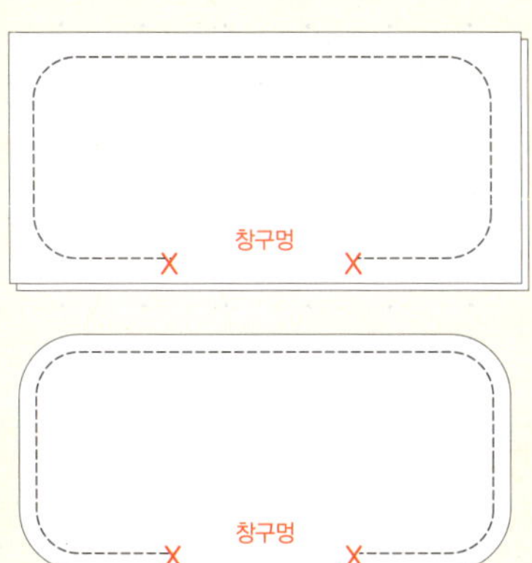

1 얼굴 만들기 : 흰색 자투리 원단 2장을 마주 대고 도안
을 따라 그린다. 창구멍만 남기고 박음질한 다음 시접
0.5cm를 남기고 정리한다. 창구멍으로 뒤집고 창구멍은
공그르기한다.

2 얼굴 꾸미기 : 단추를 달아 눈을 만들고 펠트로 코와 입
모양, 양 볼 모양을 오려 감침질해 붙인다. 눈썹은 검정
색실로 스티치한다.
★자투리 원단이 없으면 펠트로 얼굴을 만들어 붙여도 좋고, 베
개커버에 직접 눈, 코, 입을 스티치해도 됩니다.

3 몸통 만들기 : 베개커버를 뒤
집은 다음 그림과 같이 네 군
데 모서리를 둥글게 박음질
한다. 다시 커버를 뒤집어 앞
부분에 얼굴을 반박음질 또는
공그르기로 붙인다.

4 속 채우기 : 베개 솜을 넣어 손으로 모양을 매만지고 리
본을 묶어 장식한다.

실물과 같은 사이즈 도안입니다.

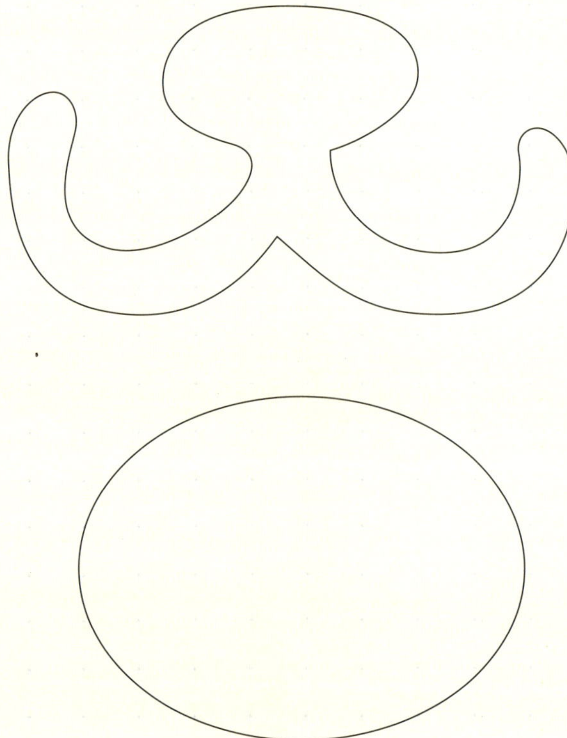

엄마 흉내 내기! 낡은 스커트로 만든 토트백 _p76

여자 아이의 면 소재 스커트 1벌, 안감용 꽃무늬 원단 42×31cm 2장, 가방끈용 면 테이프 90cm, 실(흰색, 갈색)

소품 사이즈는 38×27cm입니다. 가지고 있는 리폼 재료에 맞추어 사이즈를 조정하세요.

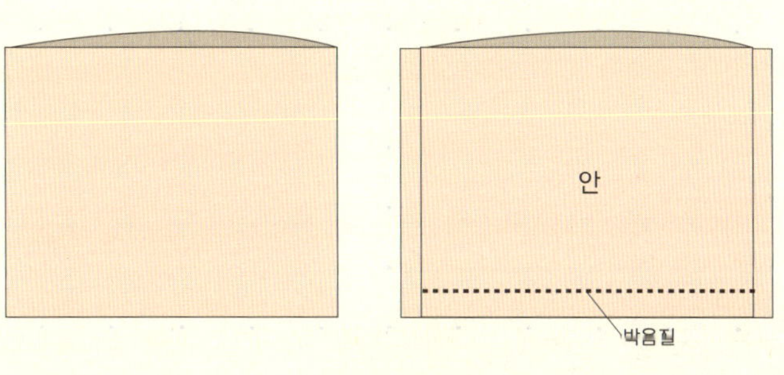

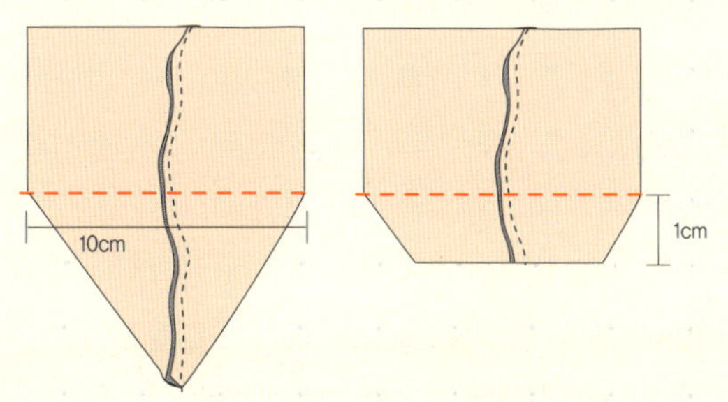

1 가방 겉면 만들기 : 스커트를 뒤집은 다음 아랫부분에 시접 1cm를 남기고 박음질한다. 양 옆면은 그림과 같이 10cm 폭으로 박음질한 뒤 시접 1cm를 남기고 정리한다. 박음질한 스커트는 다시 뒤집어놓는다.

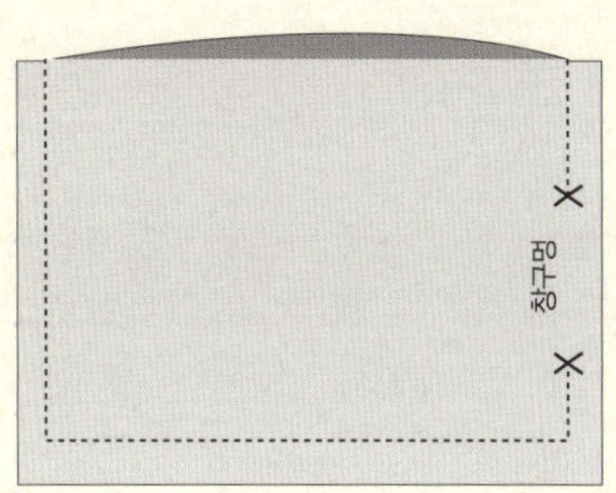

2 안감 만들기 : 안감용 원단을 겉끼리 마주 대고 반으로 접은 다음 윗부분이 스커트로 만든 겉면보다 2cm 정도 길게 재단한다. 시접 1cm를 두고 그림과 같이 윗부분과 창구멍을 제외한 둘레를 박음질한다. 양 옆면은 겉면과 마찬가지로 10cm 폭으로 박음질한 뒤 시접 1cm를 남기고 정리한다.

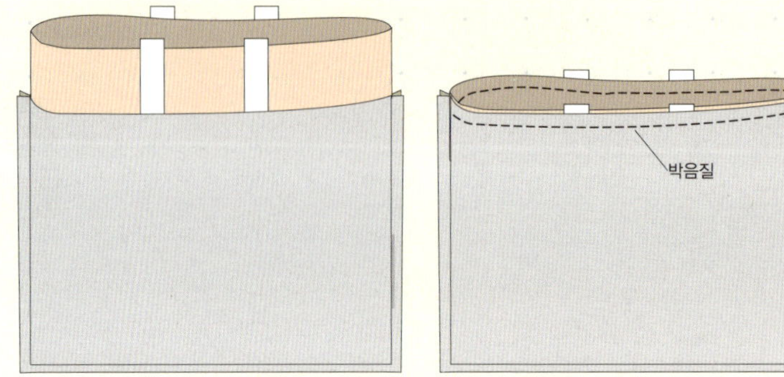

3 겉감과 안감 포개어 박음질하기 : 가방 모양으로 박음질한 안감(꽃무늬) 속에 겉감(스커트)을 집어넣는다. 가방 위쪽에 가
  방끈을 넣고 자리 잡은 뒤 윗부분을 박음질해 끈을 고정시킨다.

4 뒤집어 정리하기 : 안감에 남겨두었던 창구멍으로 뒤집
  은 다음 창구멍은 공그르기로 마무리한다. 안감을 겉감
  속으로 집어넣고 윗부분을 정리한 뒤 색실로 가방 입구
  테두리를 홈질해 마무리한다.

★스커트의 허리와 지퍼, 단추, 주머니 등을 그대로 살려 만들
면 재미있는 모양의 가방이 완성됩니다.

셔츠로 만든 여러 가지 에코백 _p77

딸이나 엄마의 셔츠 1벌, 안감용 셔츠 또는 원단 30×40cm 2장, 가방끈으로 사용할 자투리 원단 15×45cm 2장 또는 가방끈용 면 테이프 90cm, 실(흰색, 원단과 어울리는 색)

소품 사이즈는 26×35cm입니다. 가지고 있는 리폼 재료에 맞추어 사이즈를 조정하세요.

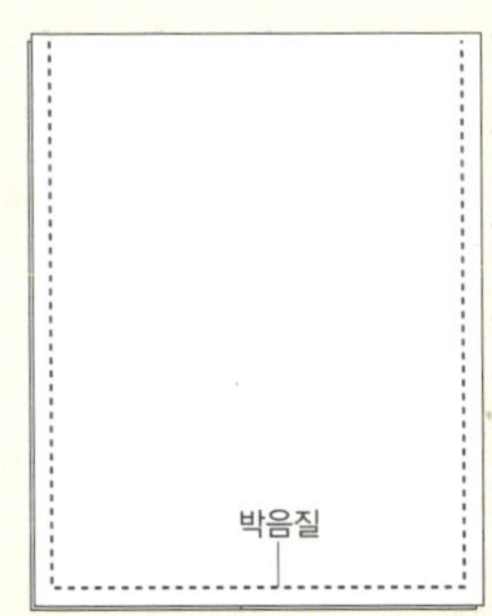

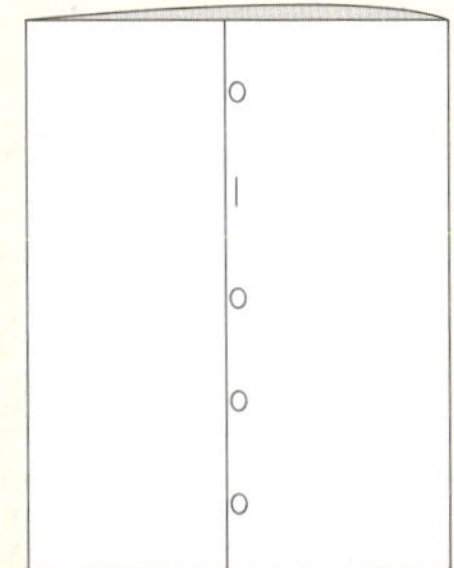

1 재단하기 : 겉감용 블라우스와 안감용 블라우스는 몸통 부분이 사각형이 되도록 그림과 같이 앞뒤 판을 함께 자른다.
　★안감으로 원단을 사용할 경우 겉감 크기에 맞추어 자르면 됩니다.

2 겉감 박음질하기 : 블라우스를 겉끼리 마주 대고 윗부분을 제외한 3면을 박음질한 뒤 중간 단추 1~2개를 풀어놓는다.(창구멍으로 사용할 용도) 이때 시접 0.5cm를 남긴다.

3 안감 박음질하기 : 안감으로 사용한 블라우스도 겉끼리 마주 대고 윗부분을 제외한 3면을 시접 0.5cm를 남기고 박음질한다. 박음질이 끝나면 오픈되어 있는 윗부분으로 뒤집어놓는다.

4 끈 만들기 : 자투리 원단을 겉끼리 마주 대고 박음질한 뒤 뒤집어 끈을 만든다.
　★가방끈용 면 테이프를 이용해도 좋아요.

5 끈 달기 : 안감 윗부분에 끈을 자리 잡아 시침질로 고정시킨다.

6 겉감과 안감 포개어 박음질하기 : 가방 모양으로 박음질한 안감 속에 겉감(블라우스)를 집어넣는다. 윗부분에 시접을 두고 전체를 박음질한다.

7 뒤집어 정리하기 : 블라우스 단추를 풀어놓았던 부분으로 안감을 꺼낸 뒤 블라우스도 함께 뒤집어 겉이 바깥으로 나오도록 한다. 단추를 잠가 마무리한다.

청바지나 셔츠로 만든 엄마표 룸 슈즈 _p80

청바지 또는 셔츠 1벌, 안감으로 사용할 자투리 원단 30×30cm, 단추 1쌍, 실(흰색, 남색), 시침핀

소품 사이즈는 6×11cm입니다. 가지고 있는 리폼 재료에 맞추어 사이즈를 조정하세요.

1 재단하기 : 청바지 또는 셔츠 뒷면에 신발 모양 도안을 2
개씩 그린 다음 시접 0.5cm를 남기고 재단한다. 안감으
로 사용할 원단도 같은 방법으로 재단한다.

2 신발 뒤축 박음질하기 : 총 4장(겉감 2장+안감 2장)의 신
발 윗면 원단을 각각 겉끼리 마주 대고 뒤축이 되는 부분
을 사진과 같이 박음질한다. 솔기는 가름솔로 정리한다.

3 안감과 발바닥 박음질하기 : 안감 원단과 발바닥 원단을
겉끼리 마주댄 뒤 시접 0.5cm를 남기고 박음질한다. 양
쪽 신발 모두 똑같이 바느질한다.
★이때 도안의 중심선을 서로 맞추는 것이 중요해요!

아기 발에 맞는 사이즈로 만들어보세요.

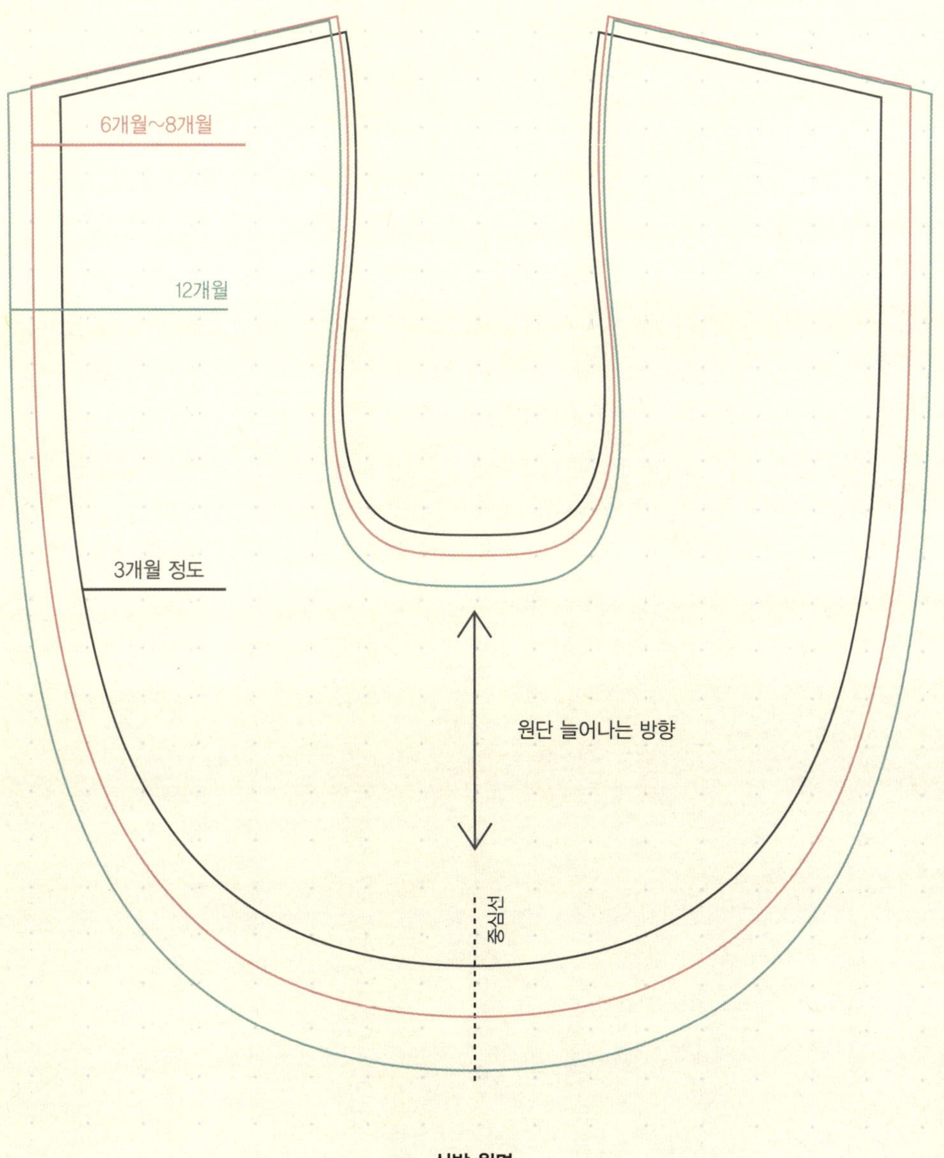

신발 윗면

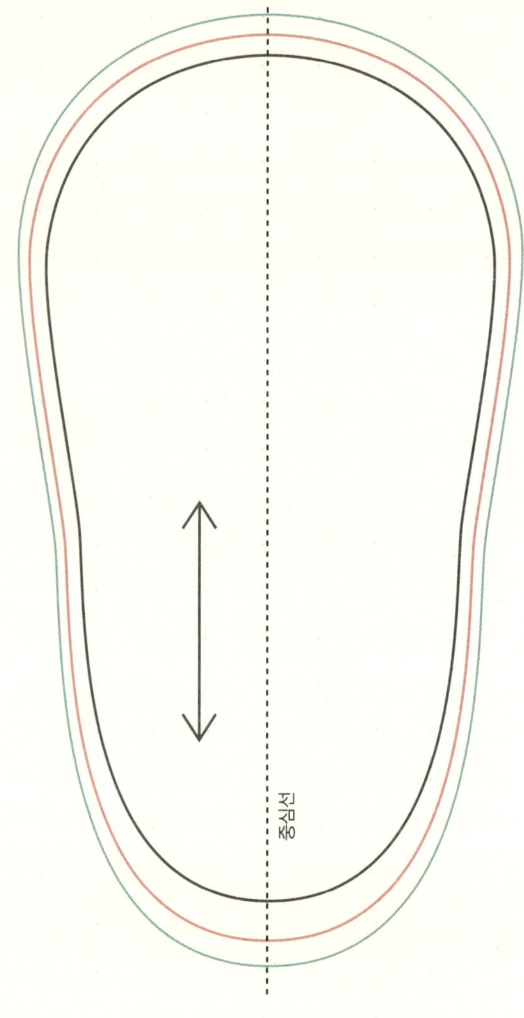

발바닥

4 겉감과 안감 포개어 박음질하기 : 안감 위에 겉감(청지)을 올려놓고 신발의 윗부분을 서로 맞추어 시침핀으로 고정시킨 다음 창구멍만 남기고 시접 0.5cm 안쪽으로 박음질한다.

5 창구멍으로 뒤집기 : 창구멍으로 사진과 같이 뒤집어놓는다.

6 겉감과 발바닥 박음질하기 : 겉감 원단과 발바닥 원단을 겉끼리 마주댄 뒤 시접 0.5cm를 남기고 박음질한다. 양쪽 신발 모두 똑같이 바느질한다.
★이때도 도안의 중심선을 서로 맞추는 것이 중요해요!

7 뒤집어 정리하기 : 창구멍으로 뒤집어 안감과 겉감 모두 겉면이 바깥으로 나오도록 한다. 안감을 겉감 안으로 집어넣고 창구멍을 공그르기로 마무리한다.

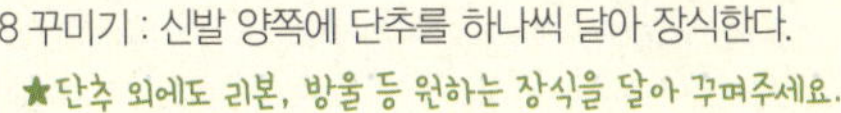

8 꾸미기 : 신발 양쪽에 단추를 하나씩 달아 장식한다.
★단추 외에도 리본, 방울 등 원하는 장식을 달아 꾸며주세요.

수면바지로 만든 벙어리장갑과 룸 슈즈 _p82

벙어리장갑 : 수면바지 60×60cm, 양털 또는 폴라폴리스 원단 70×70cm, 실(흰색 또는 분홍색)
룸 슈즈 : 수면바지 70×70cm, 양털 또는 폴라폴리스 원단 70×70cm, 실(흰색 또는 분홍색)

소품 사이즈는 장갑 9×16cm, 룸 슈즈 8×16cm입니다.
가지고 있는 리폼 재료에 맞추어 사이즈를 조정하세요.

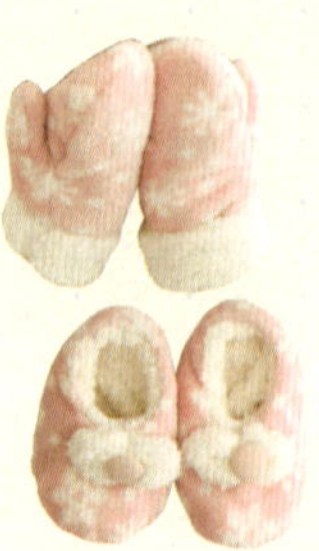

벙어리장갑

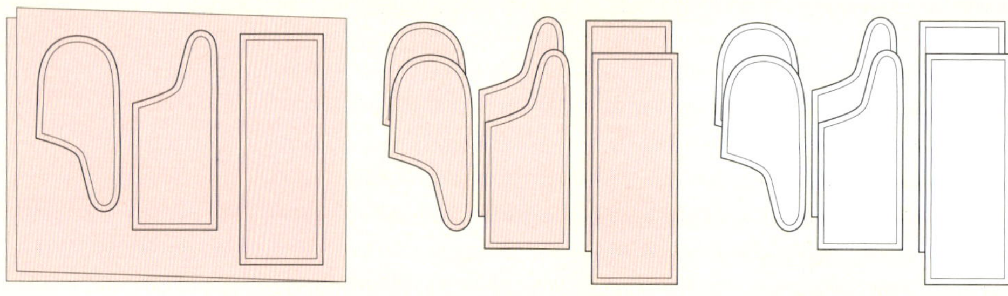

1 재단하기 : 수면바지와 양털 또는 폴라폴리스 원단을 겉끼리 마주 대고 반으로 접은 다음 그림과 같이 손 모양과 사각형
(안감이 될 부분)의 도안을 따라 그린다. 시접 0.5cm를 남기고 재단한다.

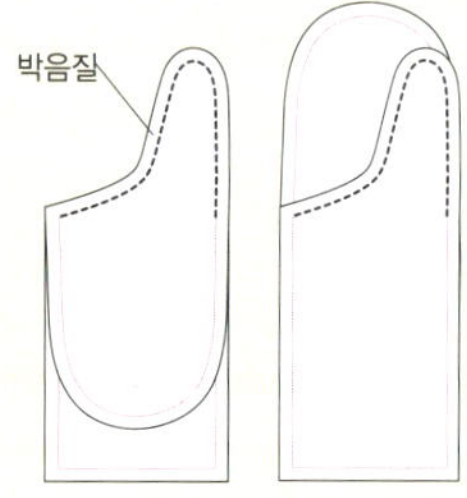

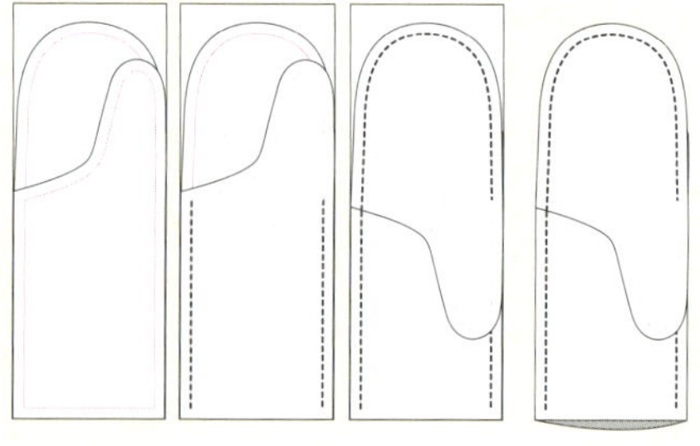

2 손 모양 박음질하기 : 손 모양으로 재단한 원단을 같은
것끼리 2장씩 짝지어 겉끼리 마주 대고 박음질한 다음
펼친다.

3 안감 이어 박음질하기 : 사각형으로 재단한 안감 원단
위에 ②를 그림과 같이 겉끼리 마주 대고 포갠다. 손가
락 부분을 경계로 위와 아래를 박음질한다. ②와 같은
모양으로 시접을 정리한다.

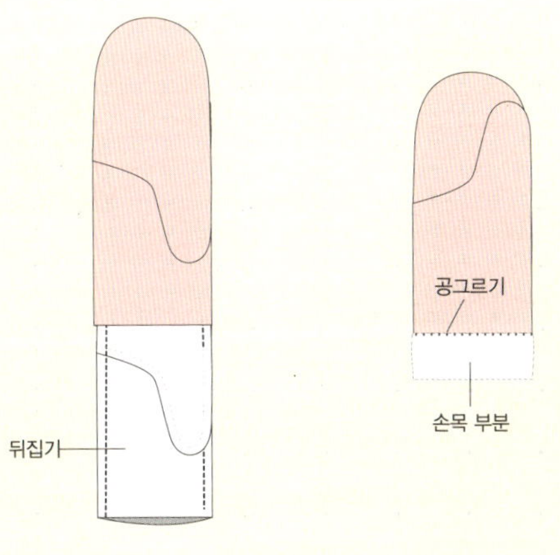

4 뒤집어 정리하기 : 시접을 정리해 자른 뒤 겉감(수면바지)쪽 장갑만 뒤집어놓는다. 반대쪽 손도 같은 방법으로 만든다.

★이때 안감으로 사용되는 장갑은 뒤집지 마세요!

5 겉감과 안감 포개어 정리하기 : 겉 장갑 1쌍, 속 장갑 1쌍이 완성되었다. 겉 장갑 속에 속 장갑을 집어넣고 속 장갑의 윗부분을 겉으로 접어 내려 시접을 정리한 뒤 공그르기로 마무리한다.

룸 슈즈

참고하세요!
룸 슈즈는 p.140 '청바지로 만든 룸 슈즈'와 만드는 법이 같습니다.

실물의 50% 도안입니다.

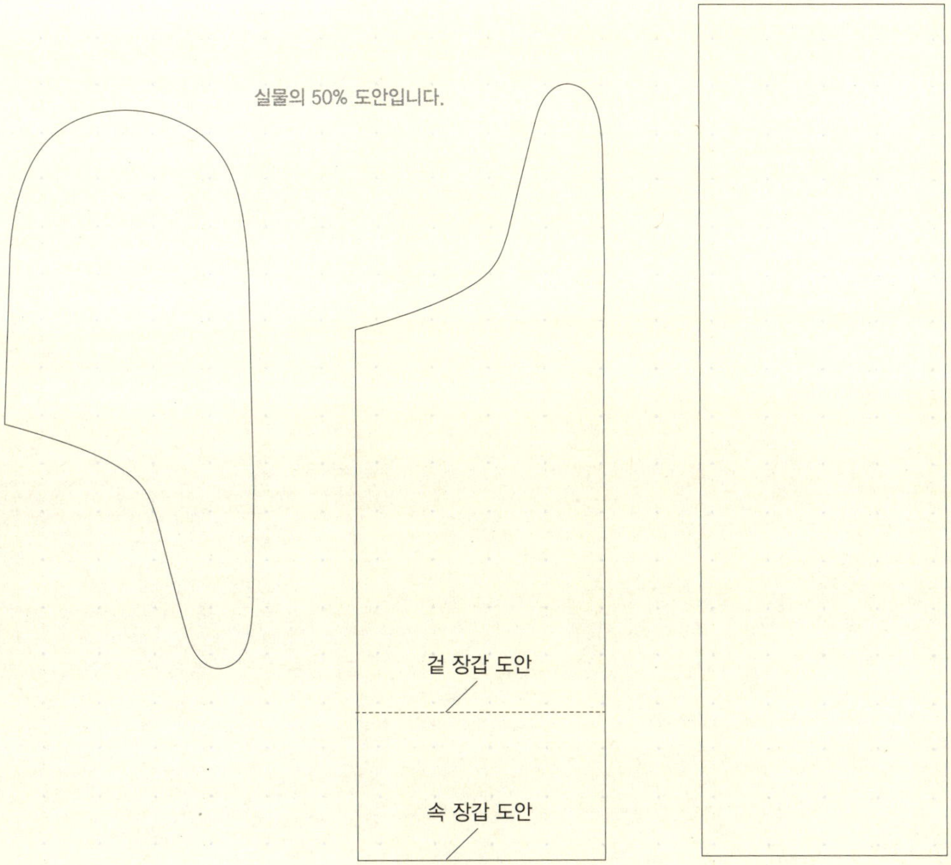

겉 장갑 도안

속 장갑 도안

북유럽스타일 룸 슈즈와 러그 _p84

룸 슈즈 : 무늬 있는 원단 또는 셔츠(신발 부분) 30×70cm 2장, 무늬 있는 원단(끈 부분) 8×15cm 2장, 안감용 아이보리색 원단(신발 부분) 30×70cm 2장, 안감용 아이보리색 원단(끈 부분) 8×15cm 2장, 똑딱단추 1쌍, 실(흰색 또는 빨간색)

러그 : 타월 80×40cm 1장, 러그 뒷면이 될 원단 85×45cm, 모서리 장식용 자투리 원단 10×10cm, 실(갈색)

소품 사이즈는 룸 슈즈 9×24cm, 러그 80×40cm입니다.
가지고 있는 리폼 재료에 맞추어 사이즈를 조정하세요.

룸 슈즈

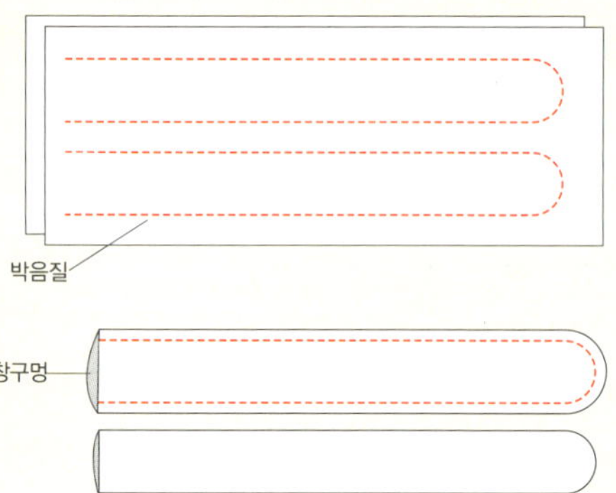

박음질

창구멍

룸 슈즈는 끈 부분만 제외하고 p.140 '청바지로 만든 룸 슈즈'와 만드는 법이 같습니다. 끈 만드는 법은 아래의 설명을 참고하세요.

1 끈 만들기 : 끈을 만들 원단 2장을 겉끼리 마주 대고 박음질한다. 창구멍은 남기고 박음질한다. 시접 0.5cm를 남기고 정리한 뒤 창구멍으로 뒤집어 다림질한다. 창구멍은 공그르기로 마무리한다.

2 끈 달기 : p.143 룸 슈즈를 만드는 과정 중 겉감과 안감을 연결할 때 끈을 끼워 넣고 박음질한다.

3 단추 달기 : 끈과 신발이 만나는 부분에 똑딱단추를 달아 마무리한다.

러그

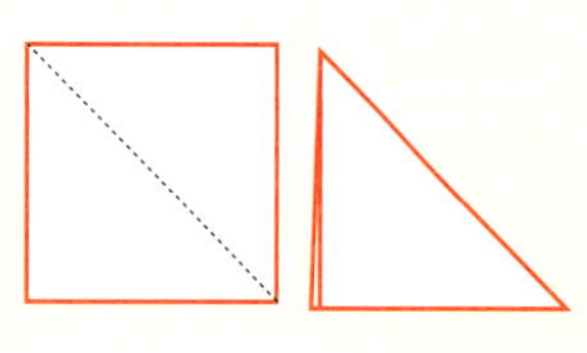

1 모서리 장식 붙이기 : 10x10cm의 자투리 원단을 대각선으로 접어 삼각형을 만든 다음 러그 앞면이 될 타월 모서리에 반박음질로 붙인다.

2 러그 만들기 : 러그 뒷면이 될 원단의 뒷면 위에 타월을 올려놓는다. 뒷면 원단의 사방을 2cm씩 접고 다시 3cm씩 접어 내려 사방을 공그르기한다.

"다음 친구는 어떤 아이일까요?
내가 입고 있는 스커트가 작아지면
엄마가 또 인형을 만들어주시겠지요?"

티셔츠 · 목도리 · 장갑 · 양말을 리폼해서 만든 내 인형

내 친구 꿍꿍씨

ⓒ박귀선, 2014

초판 1쇄 발행일 2014년 7월 23일

지은이 박귀선
펴낸이 윤은숙
기획 · 편집 책임 이희원 팀장
디자인 여치 http://srladu.blog.me
사진 한정수 studio etc. 02-3442-1907
도안 일러스트 김영태
모델 Ain
촬영 협조 가온힐조
마케팅 석철호 나다연 도한나
제작 송세언
관리 구법모, 엄철용

펴낸 곳 (주)느림보
등록일자 1997년 4월 17일
등록번호 제10-1432호
주소 경기도 파주시 회동길 198
전화 편집부 031-955-7383 마케팅 031-955-7374
팩스 031-955-7393
홈페이지 www.nurimbo.co.kr

이 책의 글과 사진의 일부 또는 전부를 재사용하려면 반드시 저작권자와 (주)느림보 양측의 동의를 얻어야 합니다.
책값은 뒤표지에 있습니다.
ISBN 978-89-5876-184-6 13590

이 도서의 국립중앙도서관 출판시도서목록(CIP)은 e-CIP 홈페이지(http://www.nl.go.kr/ecip)와
국가자료공동목록시스템(http://www.nl.go.kr/kolisnet)에서 이용하실 수 있습니다.
(CIP제어번호 : CIP2014021006)